JN108809

ゲルトナーホーフ

ドイツの移住就農小規模園芸農場

ミヒャエル・ベライテス 編
マックス・カール・シュヴァルツ 著
村田 武・河原林 孝由基 訳

Der Gärtnerhof. Selbstversorgung – ein Weg ins Freie

筑波書房

【凡　例】

1．原文のイタリック体はゴシック体にした。

2．本文中で〔　　〕をつけた説明は、簡単な訳注である。

3．少々長い説明を要するものについては、※をつけて訳者注とした。

4．原著のタイトルであるGärtnerhofは、Siedlung運動によって多くは都市民が都市郊外や未開拓の農村で開設する小規模な園芸と農業の複合小規模農場である。Gärtnerhofの直訳は「園芸家農場」である。その創設をめざすSiedlung（その実践者がSiedler）をどう訳すか。独和辞典で最初に出てくる「入植」ないし「開拓」でもまちがいではないが、日本語の「入植」は北海道開拓や海外移民を思い起こさせる。日本語としては「戦後開拓」が近いのであるが、本書のSiedlungの意味するところは、わが国の第２次世界大戦後の緊急の「戦後開拓」のもつイメージを大きく超えている。また、「新規就農」としてもよかったのであるが、それではあまりにわが国の基本的には単身の新規就農が連想される。ドイツにおけるSiedlungによるGärtnerhofの開設は、クラインガルテン運動、田園都市運動といった都市周辺部での農的暮らしのための農園運動の歴史をもっている。そうした歴史を踏まえ、戦後の困難な時代の失業救済事業としてのSiedlungを成功させるための小規模農場が、園芸と農業を結合させ、バイオダイナミック農法の活用が不可欠であることを強調したところに原著の最大の特色がある。そうしたことを考慮して、本訳書では、Siedlungを移住就農、Siedlerを移住就農者、Gärtnerhofを移住就農農場、移住農場などとした。

目　次

序章

新たな移住就農運動のために

ミヒャエル・ベライテス

不安定な社会は、その繁栄のレベルが高いほど、転落に際する落ち幅も大きい[1)]。私たちの社会が危機に瀕していることが、遅くとも2020年初頭には明らかになった。世界的な大流行となる可能性を秘めた新型ウイルスが蔓延し、グローバル化した人や物の流れが制限されたとき、私たちはかつてなく外部供給に依存したなかで生きていることを認識させられることになった。食料自給力は過去最低レベルになっている。自由を自立的存在という意味で理解するならば、食料自給や食料主権もまた真の自由の一部である。

食料自給という考えを実現するためには、新鮮なアイデア――とくにそれが身近な実践につながるアイデアが必要である。現在、希望のもてるアプローチはいくつもあるが、真に土壌と結びついて持続可能な生活につながるものは存在しない。**パーマカルチャー**※は、異なる作物種が協働的な環境関係のもとで相互に成長を促しあうという理解を確立し、代替園芸に混作や間作作物などの生物学的共存の重要な要素を導入した。しかしそれには作物と耕作地が生態的に永続できるという理論的幻想が根底にある。**連帯農業**は、生産者と消費者の間のギャップを埋める方法を示し、良質で新鮮な畑作物にほんとうの価値があることを理解させ、若い農業者の就農を可能にする。しかし、農耕を土台にした文化においては、人間本来の制度としての家族や、土地所有家族が継承可能であることが、土壌に対する世代間の責任にとって重要な前提条件であるという事実は無視されている。**都市農業**は、多くの都市生活者と土壌やその作物との間に直接的な関係を生み出すものの、都市は周囲の田園がなくても維持できるという「都市が自律的に存在できる」という誤まった理解があり、都市・農村関係における疎外を助長することさえある。

※パーマカルチャー（permaculture）　オーストラリアのビル・モリソンが1979年に提起した理論。持続可能な無農薬・有機農業を基本に、地域の気候や文化的特色などを活かした地域設計を行う。permanent（永続性）とagricultureを結んだ造語。

実際に将来性のあるモデルへの道を探るには、過去を振り返ることが非常に有効である。ここで紹介する**ゲルトナーホーフ（移住農場）**のコンセプトは、第一次世界大戦と世界大恐慌の後に、危機に強い食料自給の土地経営をめざしたものであって、それは第二次世界大戦後に再び取り上げられたものである。当時の非常時にあっては、小さく分けられ、自然と折り合った農業構造だけが社会的にふさわしく、負担に耐えられるものであった。

図1
ゲルトナーホーフ構想の父：ヴォルプスヴェーデ出身の造園家マックス・カール・シュヴァルツ（1895-1963）
写真：Stiftung Kulturimpuls

造園家マックス・カール・シュヴァルツが考案したゲルト

ナーホーフ・モデルの基本理念は、２～５haの土地に園芸と小農場を組み合わせることにある。それが小農民農場と異なっているのは、園芸の要素（野菜・果実・ハーブの集約栽培）によって、農場の経営収益と就農者の食料自給度が大幅に向上するところにある。また、従来の園芸農場とは異なり、農業の部分は生態系循環型経済という意味で、バランスのとれた「農場有機体」の確保を目的としている。牛糞を堆肥化した有機質肥料の自給をめざしている。１～２頭の乳牛を飼うには、それなりの草地と十分な割合の穀物（敷料として藁も使用）が輪作に必要である。「ゲルトナーホーフとは、最も集約的かつ多様な方法で野菜や果実を栽培し、大小の家畜を飼い、そこで働く人々の食料自給を十分に確保し、持続的に高い市場生産を実現する小経営である。」[2)]

つまりゲルトナーホーフは、1970年代以降に哲学者たちが持続可能な社会の条件として認識してきた「ヒューマンスケールへの回帰」[3)]であり、「欠陥のあるものはどこであれ、それは大きすぎるからである。」[4)]（レオポルド・コア）、「小さいことは美しい」[5)]（エルンスト・フリードリヒ・シューマッハ）を実践するためのほぼ理想の前提条件になっている。小さな単位と分散化された構造は、生態系と社会レベルでの再生（生命の更新）とレジリエンス（危機への耐性）にとって、同じく必須条件である。また「進歩の夢からの解放」[6)]（イワン・イリッチ）は、ゲルトナーホーフで実現することができる。そうしたことからゲルトナーホーフは、実際のところドイツ民主共和国の環境保護運動を鼓舞した覚書として以下のように登場するのである。

ヴィッテンベルク〔ザクセン・アンハルト州エルベ川右岸の小都市。マルティン・ルターの16世紀の宗教改革運動の中心地として有名〕の神学者フリードリッヒ・ショルレムマーは、1982年に、生存可能な世界についての勇気あるビジョンを発表している。「都市のただ中に、ゲルトナーホーフや多くの小規模生産経営を見ることができる。そこは働きに行くのに遠くはなかった。―― 家畜や多くの野生動物が都市に戻ってきていた。鳥のさえずり、にわとりの鳴き声とともに、私たちの一日が始まる。私たちの生活には、勤勉な静けさがあった……。農村にはたくさんの農家があった。耕地は馬や牡牛を使って耕されていた。多くの人々が村に移り住んだ。その作業には多くの人手が必要で、重労働も多かった。しかし、みんな機械部品として働いたり、オフィスで働くよりも、新鮮な空気の中で働くことを好んでいた。――風景には池があり、耕地を区切る生け垣が貫いていた。散歩やハイキングのための道もたくさんあった。何百キロメートルも移動しなくても、美しい景色やおいしい空気を味わうことができた。」[7)]

図2
小規模な自給経営では、人間的な労働・生活環境を提供する。
(ドレスデン、2003年)

ところで、まずはゲルトナーホーフという構想の興味深い歴史を見てみよう。1900年頃に初めて社会問題とエコロジーの側面を結びつけた「**生活改革**」（Lebensreform）という社会的な覚醒ムードが目覚めている。そこには自然との関わりを新たにしたいという衝動があった。**田園都市運動**（Gartenstadtbewegung）は都市での人間らしい居住生活を求め、**移住就農者運動**（Siedlerbwegung）[8)]が進取な考えをもった人々を都市の枠から開放的な場所へと導くことになったのである。

この移住就農運動に決定的な方向性を与えたのが、造園家レーベレヒト・ミッゲ（1881-1935年）とヴォルプスヴェーデ〔ブレーメン北郊の村〕出身のマックス・カール・シュヴァルツの二人であった。ミッゲは都市周辺に集中的に移住園芸農場を配置する計画を広めたのであって、それは「キール文化ゾーン」（Kurturgürtel Kiel）[※]のようなものであった。彼の園芸コンセプトは、純粋な植物栽培を機械の集中的利用と都市の廃棄物処理を組み合わせることで最適化することであった。ヴォルプスヴェーデのゾンネン農場でミッゲの一時的な同僚だったシュヴァルツもそこに定住し、バルケン農場に「園芸・移住就農者学校」を設立して、ミッゲの構想をさらに発展させた。改革志向の農業者が、彼にバランスの取れた畜産の重要性を説いたのである。それは農場で発生した厩肥は堆肥化されて農場内で利用されるというエコロジー循環型経済の基本的な考え方であった。

※「キール文化ゾーン」は、第二次世界大戦中から戦後にかけてキール（バルト海に面した港町。シュレスヴィッヒ・ホルシュタイン州の州都。第二次世界大戦で市街地の80％以上が空襲で破壊された）で、戦災被災者のために設定された仮設住宅エリア。

シュヴァルツは、人智学[※]の創始者ルドルフ・シュタイナー（1861-1925年）が1924年の聖霊降臨祭〔復活祭後の第７日曜日〕に、シレジア地方〔中欧のオーデル川中上流域。現在はその大半がポーランド領〕コーベルヴィッツのヨハンナ夫人（1879-1966年）とカール・ヴィルヘルム・フォン・カイザーリンク伯爵（1869-1928年）の領主農場で開催した農業講座に参加していた。そこから、バイオダイナミック農法（die biologisch-dynamische Wirtschaftsweise）へのきっかけが生まれた。この農法は、人工肥料や農薬を使用しないで、牛の厩肥に依存する。また、そこでは土壌と植物の「形成力」を強化するために、同種療法〔健康体に与えるとその疾病に似た症状を起こす薬品をごく少量与えて治療する方法〕製剤が使用される。バイオダイナミック農法の核心は、農場を「農業がもつ本来の個性」として、すなわち天と地、植物と動物が調和し、共通の構造を形成している全体的な「農場有機体」として理解することにある。

※人智学（Anthroposophie）—— 1913年にドイツの哲学者ルドルフ・シュタイナーによって始められた精神運動。人間は訓練によって透視力を得ることができ、それによって超感覚的な世界を認識し、自我を高揚させ浄化しうるとする。

シュヴァルツの功績は、まずは農業者を対象としていたバイオダイナミック農法を園芸用に「翻訳」したことにある。あまり知られてはいないが、彼が当時の移住就農運動に土壌への自然なアプローチの必要性を説いたこともたいへん重要である。1933年初めには、彼の著書『実践的移住就農への道』が出版され、シュヴァルツは、土地と結びついた自律的な生活にきわめて多様な可能性があること、そして食料自給率の高い自然と結びついた農業経営を実践することが可能であることを提示したのである。

同書で分析され、解決された諸問題の多くは、今もなお、あるいは――別のやり方で――再び問題として浮上している。1933年当時のシュヴァルツの目的が「外国産品に代わる産品を市場に投入すること」[9]であったとすれば、それは第一次世界大戦後のドイツの孤立を背景にしていた。今日では、資源や気候問題でサプライチェーンの短縮やエネルギー消費の引下げが問題になっており、他にも地域や国の食料自給率を引き上げるべきだとする理由がある。さらにいまひとつの理念がその意義をまったく失ってはいない。すなわち、「根本的なことが移住就農によってなされうるかもしれない、つまり消費者と生産者の間に直接的な結びつきが今日の農業ではほとんど破壊されているからである。」[10]

今日のパーマカルチャーで使われている園芸技術の多く、すなわちゾーニング、混植栽培、ある種の堆肥作り法などは、すでにシュヴァルツの1933年の著作に詳しく書かれている。土壌が生き物であることがきわめて明瞭に描写され、本物の土地耕作が土壌の復活や再生に何をもたらすかが示されている。有益な微生物と微生物の生存に必要な生活条件を与えて土壌を活性化して肥沃度を高めることが、常にシュヴァルツの移住就農コンセプトの最優先事項になっている。シュヴァルツは、要素還元主義的〔さまざまな事象を中立的・第三者的な観点から実証的ないし帰納的に把握し、かつそれらを個々の要素の集合体として理解する方法。広井良典『ポスト資本主義』(岩波新書、2015年、39ページ）参照〕自然科学が否定していた土壌、植物、動物、そして人間における「形成力」を大胆に取り上げ、それを考慮しなくては生物学を「生命の科学」として成り立たせることは到底できないとした。[11] そして、シュヴァルツは、これらの「形成力」がゲルトナーホーフ農民によってどのように助長されるかを示したのである。

シュヴァルツはまさに預言者的なやり方で、誤った農業のみじめさを指摘したのであって、「機械や人工肥料など、産業界が推奨するものをすべて従順に受け入れた」農業者を驚きの目をもってながめ、以下のような認識をはっきりもったのである。「この一方的で、すでにきわめて投機的な工業の農業への侵入によって、あらゆる国内産品が大量生産されたことは当初は大いに歓迎された。しかし作物が天候の影響を受けやすく、菌類や害虫が蔓延し、耕地や園地の作物が本物の品質を失い、ことに味覚、保存性、重さ、色持ちの低下などの現象が現れた。その結果、これらの欠点が認識されると、化学工業はこれらの欠点を改善するのに適していると思われる手段を提供した。……こうして、いま一つの重要な産業が誕生し、農業や園芸が傷つく現象にビジネスの基礎を見出し、それは今日でもいよいよ本格化している。」[12)]
―― 1933年の初めにシュヴァルツはそのように言ったのである。「このことは、産業界にとってはビジネスがますます拡大することを意味するが、産業界の拡大と同じ程度に農業者にはダメージになり始めたのである。」[13)]

シュヴァルツはここで、今日の視点から見ると過激に見えるかもしれないが、実は、外部の供給から独立した自律的な存在を切り開く自由がむしろ狭まっているという結論に達している。「農村の農民は土地経営を振り返って何が見えるかを理解したならば、完全に自力で崩壊から新しい構造への道を見つけなければならないという結論を自ら出さなければならなくなる。したがって、移住就農者の勇気のようなものが、この土地のすべての耕作者のなかに育たなければならない。この移住就農者の勇気は、おそらく外面的な実践活動よりも、内面的な訓練、つまり自然のなかで、土壌、植物、そして動物のなかで、そしてわれわれ自身のなかで、すべての生き物に働いているみごとな相互関係と法則を理解しようと努力することにある」[14)]

今日、そうした自立経営をめざす移住就農者の勇気をもっていると自覚している人には、通常、それに必要な土地も、時間も与えられていない。ひとつの解決策は、**ポスト成長経済論**の先駆者であるニコ・パエックが2012年に提唱したように、週40時間の労働を有償雇用20時間、自給セクターでの非営利労働20時間に分割することである[15)]。1920年代の社会的危機を背景に著述したシュヴァルツは、すでにそのような考えを持っていた。「食料自給だけをめざす移住就農を進めることで、大きな社会的課題を解決できるところも少なくない。移住就農による食料自給を実現することで、現在さまざまな企業でフルに働いている人たちも、半分だけ働いて生計を立て、これまで失業していた人たちも再び半分だけ働いて、移住就農活動によって食料自給を実現するという考えを育むことができる。土地経営を基本にすれば、都市郊外への移住就農を進めるだけでも、社会的感覚と時代の要請から生まれたこの要求を満たすことができる。」[16)]

シュヴァルツは都市周辺への移住やクラインガルテン、移住兼業就農者や住宅団地への移住者、農民や園芸家の移住経営に加えて、彼が構想した新しい形態の移住就農者について1933年に次のように描いた。「バイオダイナミック農法の経験から、前述の移住就農者の両方の特徴、すなわち農民と園芸家の特徴を兼ね備えた新しい土地経営者の出現を招き、われわれはそれを**集約型移住就農者**（Intensivsiedler）と呼びたい。集約型移住就農者は、現在の手労働による集約型小農民と同じように、経営の最も大きな部分（主耕作ゾーンと粗放ゾーン）と住居近くの完全に園芸用地として利用されるずっと狭い部分（集約ゾーン）を耕作している。このように、自然の力を意識的、意図的に利用する経験を積み重ねたうえで、耕作を園芸的な集約度に高めることで、農場のバランスをしっかり維持し、ほぼ年間を通して収益をあげ、また必要に応じて、自給分を超えるものを手に入れることができ

図３、図４
都市郊外でも森の端でも牛の飼養が農場の閉じられた物質循環を可能にし、農場に活気を与える。
（ドレスデン 2000 年、メクレンブルク 1994 年）

るのである。……そのため、集約型移住就農者は、自ら家畜を飼育し、農場を完全な有機体として発展させることで、農場内で必要なバランスのとれた栄養分の受取と供与（Nehmen und Geben）をほぼ達成することができる。」[17]

シュヴァルツの本の序文には、「移住就農は、……まさに大がかりな移住就農事業に基づいて新しいドイツ農民を作り出そうとするわが国民の政府にとって崇高な仕事である」とある。しかし、その期待は裏切られた。シュヴァルツは「文化の荒野」、「人間共同体の崩壊」〔ナチズム〕であり、土壌を喪失した農業と園芸だと弾劾したのだが[18]、国家社会主義の支配と第二次世界大戦の間においては良い方向には向くことはなかったのである。

第二次世界大戦後の新たな窮乏の時代を受けて、シュヴァルツはドイツ北西部の運動家たちと力を合わせ、危機に強い土地経営への衝動を復活させた。そして、1933年に「集約型移住就農者」とされたコンセプトが、今度はまさに「ゲルトナーホーフ」という名のもとに立ち現れたのである。シュヴァルツは、フランツ・ドライダックス（1892-1964年）、アルヴィド・グッチョー（1900-1984年）、エルンスト・ハーゲマン（1899-1978年）、アルブレヒト・ケストリン（1905-1970年）、ウィリー・ラーチュ（1905-1997年）とともに公益ゲルトナーホーフ協会を設立し、1946年からシリーズ『土壌からの再建』を刊行した。

1946年以降に出版されたゲルトナーホーフ・パンフレットでは、農場の多様性とバランス、そして社会性や美的感覚がとくに強調されている。堆肥・有機質肥料づくりと組み合わされた大家畜の飼育、高木果樹が植えられた草地、養蜂と組み合わされた果樹栽培など、「健康な有機体としての農場」と「物質循環」（der Kreislauf der Stoffe）[19]の関連性が強調された。果樹やベリー類の園地、生け垣を意識的に空

図5、図6
健全な農場有機体。多様な用途の小面積農地の混在が農耕の活性化や住環境の美観を向上させる。

間的に配置し、微気候に好影響を与えることで、文化的景観の育成に配慮がなされている。

多くの「園芸や耕種農業の発展」は、あまりにも「家畜飼育から遠ざかりすぎていた」のである。しかし、農業に携わる多くの人にとって、それは「生計を立てるだけでなく、多かれ少なかれ意識的な心の問題として、家畜を飼育すること、…… 要するに「農場」を持つことであり、それは一般的な用法によれば牛の存在を含む」のである。このような傾向は、最終的には「生命共同体の理論を通じて近代自然史が農場の全体的な発展や業績に寄与することを示した」のである[20)]。家族経営には雌牛がいることに「核心があり」、ゲルトナーホーフの建設は、「文明破壊の治療」に貢献するものであった[21)]。

シュヴァルツが開発したゾーニングモデルは、生きた細胞をベースにしている。細胞の中心は住居や経営用建物のある農場敷地に相当する。次いで温室や温床フレームがある集約ゾーン、そしてその周りに野菜畑や耕地がある主耕作ゾーンが続き、その外側には果樹のある草地が広がっている。その外側は野生の低木の生け垣で、まるで細胞壁のように閉じられている。

シュヴァルツは、最初のゲルトナーホーフ・パンフレットの「ゲルトナーホーフの本質」についての紹介を、以下のような文章で始めている。「多くのドイツ人が生活の基盤と故郷を失った。残されているのは、土地と結びついた労働、国内植民（die innere Kolonisation）への道である。長年の農村脱出で枯渇した生活空間は、土に働く人たちの定住で再び満たされなければならない。人がいないためにまともに耕作されていない土地は、今後、人々が生きたいと考えるならば最高の収穫を上げなければならない。この二つのことは、農村への移住就農によってのみ達成されうる。もし、現在の耐え難い惨状を終らせるためには、状況を変えようとする力を計画的かつ秩序だった方法で方向づけることが重要であること。そのことが時期を失せずに認識されることを願っている。」[22)]

その後の新たな惨状は以前の惨状とは微妙に異なっているものの、世間一般の認識ではそれは副次的な役割しか果たさなかったし、今もそうである。西〔ドイツ〕でも東〔ドイツ〕でも第二次世界大戦後の農業の復興は中央集権化を基本としており、土地で働く人の数を減らし、農村からの流出を増やし、工業への依存を高め、再び食料自給力を制約するものになっている。

東では強制と暴力による農民に対する階級闘争としてもたらされたもの〔農業集団化〕が、西では農場の「成長か撤退か」の論理である熾烈な競争の思想によって解決されたのである。この制度は、農民層の解体を農民自身に委ねるものであって、農業者は農業者との存亡をかけた争いに巻き込まれるのである。それは警察国家を必要としない構造的な強制力である。農民は少数の大規模農場が残るまで、互いに土地を奪い合うだけである。共産主義者は農村住民をプロレタリア化し、自由農民を従属的な農場労働者にするために農業の工業化を必要としていた。西では、シュヴァルツが言うところの「工業の農耕への侵入」を完成させることが目的であった。農業全体を工業と両立するものにする、つまりアグロ・インダストリーを実現することが目的だった。西でも東でも農業は社会的、生態学的な危機の源泉になっている。西でも東でも農村住民の食料自給の可能性はほとんど残されていないのである。

こうしてゲルトナーホーフ・コンセプトは、あっという間に忘却の彼方へと消え去った。1974年に「土壌と健康」協会は、1946年から47年にかけてのゲルトナーホーフに関するとくに重要なエッセイを、

「ゲルトナーホーフ」というタイトルでパンフレットとして再発行した。ゲルトナーホーフ・パンフレットの最初の出版から約30年後、新しい編集者ヴォルフガング・フォン・ハラー（1905-1995年）は、ゲルトナーホーフの「危機に強い、健全な」コンセプトを称賛し、戦後、「苦境の国土を再建し、何百万人もの家を失った人々や東部から流れてくる避難民に新しい家と生計手段を与える」ために重要な貢献ができたと述べている。しかし、「復興の力は、実はまだ生き残っていた別の方向に働いていた」と総括した[23)]。

そして、フォン・ハラーは、1970年代のエコロジー意識の高まりに、ゲルトナーホーフの新しい可能性を見出した。「30年後の今日、支配勢力は生命の相互関係を見誤ったのであって、築き上げたものよりも破壊したものの方が多いことは明らかだ。彼らは人間環境を破壊し、人間自身をも破壊した。この非常事態に、ゲルトナーホーフへの道が再び救いの手を差し伸べている。ゲルトナーホーフでは、「島」や「小さな箱舟」が実現され、押し寄せる混沌のただなかに健全な生命細胞を見ることができる。」[24)]

フォン・ハラーの論考で意味深いのは、エコロジー的側面にゲルトナーホーフ・コンセプトを拡大したところにある。「第一次世界大戦後のゲルトナーホーフとは異なって、エコロジーへの意識が高まっている今日、多くのゲルトナーホーフは、エネルギーや水の供給において可能な限り自立し、あらゆる技術的補助手段や設備をエコロジー的に使用しようと努力している。この点に重要な先駆的課題が生まれている。」[25)]

この文脈で、フォン・ハラーがシュヴァルツや彼の仲間の運動家とは対照的に、「今日のゲルトナーホーフを馬なしに想像することはほとんど不可能だ」と、馬を重要なものとして位置づけとしていること

図7、図8
博物館農業ではなく、将来の作業場。ゲルトナーホーフは馬耕や伝統的な穀物収穫など、生態学的に有益な農業技術を維持できる。（メクレンブルク、2015年 / ドレスデン、2000年）

は注目に値する。フォン・ハラーによれば、「非常に質素に飼える小型馬は、農場の機械化の負担を軽減できる面が少なくない」[26)]。

ゲルトナーホーフ・コンセプトは、バイオダイナミック農法の農場の場合には、当初想定していた5haという面積には届かなくても、その役割を果たし続けている。バイオダイナミック農業のガイドラインでは農場内での家畜飼育による有機質肥料の確保をめざしているので、多くのバイオダイナミック園芸農場は、ゲルトナーホーフ・コンセプトに沿った構成になっている。これらの園芸農場の一部は、その農場主がマックス・カール・シュヴァルツのゲルトナーホーフ・コンセプトを知らなくても、現在「ゲルトナーホーフ」と呼ばれているのである。

1952年に始まったドイツ民主共和国でのドイツ社会主義統一党(SED) による農業集団化運動は、1960年の「社会主義の春」と呼ばれる弾圧の波で頂点に達して「完全集団化」にいたり、すべての農民は自分の土地を独立して耕すことができなくなった。それが1970年代初頭に始まったドイツ民主共和国農業の広範な工業化の前提条件となり、壊滅的な結果を生むことになったのである。東ドイツの農業史における例外は、ベルリンの東、バート・ザーロウに近いマリエンヘーエ農場である。ここは、バイオダイナミック農法の創始者が1928年にモデル農場として設立し、1930年代から1940年代初頭にかけてドイツにおけるバイオダイナミック運動の中心地とされたところである。農場所有者がオーストリア国籍であったために、ソ連の占領時代からドイツ民主共和国の時代〔1945－89年〕には土地改革や集団化の対象にはならなかった。1928年から1950年までブレスラウ出身のエアハルト・バルチュ（1895-1960年）が農場を運営し、彼はその後ケルンテン〔オーストリア南部の連邦州〕に移住している。彼はコーベルヴィツの農業講座の発起人の一人である。シュタイナーではなくエアハルト・バルチュとエルンスト・シュテゲマン（1882年～1943年）が後に「バイオダイナミック」概念を生み出したのである[27)]。

1960年以降は、エアハルト・バルチュの弟であるヘルムート・バルチュ（1898-1982年）がマリエンヘーエに住んでいた。彼は以前に居たチューリンゲン州での数年間と同様に、ここでもバイオダイナミック農法のアドバイザーとして、主に人智学の園芸家たちのために働いていた。ヘルムート・バルチュ自身はコーベルヴィッツの農業講座に参加しており、とくに堆肥作りのエキスパートとして評価されていた。1965年の夏からは、ドレスデンの園芸家であるファイト・ルートヴィヒ（1934-2021年）が定期的にマリエンヘーエを訪れ、ヘルムート・

図9、図10
ドイツ民主共和国におけるゲルトナーホーフの復活
ドレスデンの園芸家ファイト・ルートヴィヒは、マックス・カール・シュヴァルツの計画に従って、1970年代にゲルトナーホーフの設立に成功した。
（ドレスデン、1994年）

バルチュから有機質肥料やバイオダイナミック農法についての教えを受けている。

バルチュは、1920年代からマックス・カール・シュヴァルツを知っており、1946年のゲルトナーホーフ・パンフレットをファイト・ルートヴィヒに貸していた。1967年にドレスデンの南西郊外にある両親の2.5haの園芸農場を相続したルートヴィヒにとって、シュヴァルツのゲルトナーホーフ・コンセプトが彼の農場のビジネス再構築の決定的な基礎となった。

当初は家畜の飼育も農耕もない純粋な園芸農場であったが、ゲルトナーホーフの農場構造が徐々に形づくられていった。乳牛の飼育とそれに草地。耕地では穀物の作付けが３分の２の輪作、脱穀機、製粉機、自家製パン、自前の藁で作った敷き藁、自製の厩肥による堆肥、つまり農場独自の有機質肥料である。ドイツ民主共和国の厳しい環境ではあったが、ファイト・ルートヴィヒは、栽培構造の改造だけでなく、ゲルトナーホーフ・パンフレットに示されたマスタープランに沿って、住居と農場用建物を備えた新しい農場を建設することに成功した。同時に、野菜や切り花の栽培、種類豊富な果樹園、ハーブの栽培とその加工など、経営収益を確保するための園芸の要素も充実させた。その後、彼は現実的な課題に基づいて、ゲルトナーホーフ・モデルをさらに修正した。たとえば、耕地の輪作への野菜の組み込み、藁カッターの使用（敷き藁に尿を完全に吸収させるため）、牛舎の構造から養鶏や養蜂にいたるまでの実践的な改良である。

1970年代から80年代にかけて、ドレスデンのゲルトナーホーフには代替農業のコンセプトを支持する人々が多く集まっていたが、ドイツ民主共和国時代には彼らは自分たちの農場を立ち上げるチャンスはほとんどなかった。後に農場を創設した人々の中には、ファイトとインゲのルートヴィヒ夫妻の農場で研修生や従業員として有機農業の実践原則に触れ、ゲルトナーホーフのコンセプトを理解するようになった人もいる。ルートヴィッヒの影響で、現在ではより広い面積を耕すようになったものの、ゲルトナーホーフの伝統を意識的に受け継いでいる人もいる。また、副業として営んでいる小規模な農家が、ゲルトナーホーフという形でさまざまな工夫を凝らしている。というのも自然と結びついて食料自給に関心のある経営者が、ゲルトナーホーフのコンセプトに非常に近いアイデアを直感的に実行しているからである。

しかし、1990年代以降に初めて、またはその後にゲルトナーホーフの思想に触れた人のほぼ全員にとって、農村への道は閉ざされている。というのは、1992年にレイ・マクシャーリ農業委員長の下で導入されたEU農政改革によって、収量基準の補助金〔農産物価格支持方式〕が面積基準の補助金、いわゆる「直接支払い」に変更されたからである。それは過剰生産を刺激してきた政策の撤回がポイントであったのだが、面積基準の補助金の効果や副作用はたいへん致命的になったのあって、現在でもそうである。面積基準の補助金は、農業者間の競争圧力を強める最も重要な手段であっただけでなく、いわゆる**土地封鎖**〔Landsperr、土地の所有権移動の停止状態〕の原因にもなっている。そのために農業経営は補助金を得るために経営面積を維持することだけに力を入れ、経営をしっかりやることはまったく不必要になったのである。1993年以降、新しい小規模農場を作ることはほとんど不可能になった。それ以来、とくにドイツ東部では、どこかで２～５haの農地の取得ないし借地で小農場を創設するよりも、4,000haの農地を買収する方が簡単になってしまったのである。

1993年以降、１経営が所有する土地面積がカウントされている。それ以来、「構造改革」とか「農家の消滅」と言いつくろわれた農民の生活破壊が再び激しさを増している。面積補助金のおかげで、工業的な大型農場が増え、それがまた同じ理由で補助金への依存度を高めている。ドイツ民主共和国における30年にわたる強制的な集団化が、1990年から1992年までのわずか３年間の中断を経て、EUでまたすでにほぼ30年にわたる補助金が条件となった土地封鎖が続いているのである。したがって、ドイツ東部では、60年にわたって政治的な理由で小農民の園芸的な家族経営の新設が阻まれ続けている。

とりわけ、面積基準補助金政策は、農村の人々の農村生活からの疎外をもたらしている。かつて村に活気を与えていたのは、専業農家ではない人たちが担っていた副業としての小規模農業だった。農場や農業労働者住宅に住んでいた人々は、食料自給のための果実や野菜の畑、鶏やアヒル、ガチョウ、羊、ヤギ、ウサギを飼うための草地を持っていた。多くの人が豚を飼い、牛を飼う人も少なくなかった。ところが農業者が面積補助金をもらうようになり、それに頼るようになると、残りの農村住民は個別に耕作するための半ヘクタールの土地さえも手に入れるチャンスがほとんどなくなった。こうして村を活気づけていたものが失われてしまい、代々受け継がれてきた伝統的な農耕文化の技能も途絶えてしまった。草地を持たない者は、大鎌の扱いも干し草の作り方も学べないのである。

これは少なくとも、人口のかなりの部分が食料自給を維持しているかどうかという問題ではない。土地を耕し利用を考えるスペースがないところでは、自分の生活環境に対するつながりや責任感はすぐに失われてしまう。そのため、都市から遠く離れた村はどんどん過疎化し、都市に近い村では寝るためだけの都市住民が住むようになる。このように、面積基準補助金によって、一方では農業者を駆逐する競争を極端に激化させて農業の集中が進み、他方では、土地を持たない農村住

図 11、図 12
私たちを支える土壌を耕す。
平和な世界を築くには食料自給を成立させることだ。

民がモノカルチュアと大量家畜飼育に囲まれることになるのである。そのため、個別に経営される小規模農地の緩衝地帯がないために、大農場の農薬が住宅の庭の垣根にまで飛んできて、遊んでいた小さな子どもが農薬の霧に包まれることも少なくない。

今日、懸案の**農業転換**（Agrarwende）や社会的・環境的に持続可能な農業への取り組みに関する議論において、創造的な人々が土地と結びついた自己実現感を体験できる身近な実践の場の確立を求めると、話題があっという間に変わってしまうのは印象的である。今日、食料自給について明確に問題提起している数少ない著述家の一人が、民族学・社会学者のヴェロニカ・ベンホルト・トムセンである。彼女は著書『金か生活か』で、グローバルそしてローカルのレベルで現状を問題にしている。彼女が強調しているのは、現在の資本主義的な貨幣・商品経済から、……「自らの自立的存在を志向すれば、自由への道を見出すことができる。……自立的存在とは、生活必需品を自由に使えることである。」[28]

お金が食べられないからというだけでなく、自給経済を確立・強化する必要があるとベンホルト・トムセンは言うのだが、それには倫理的な理由もあるという。「成長戦争としては理解されない経済と、すべての人々の平等を出発点とする社会契約は、より多くの人々が直接土地を耕すことを前提にしている。なぜなら、もし私たちが他人を犠牲にして経済活動を行いたくないとか、平和な世界に住みたいと思うのであれば、私たちを支えている地球の資源によって生きることに努力しなければならないからである。」[29] 人間にふさわしい生活とは、土地とつながっている生活である。アメリカの農民で詩人のウェンデル・ベリーは、今日、国民の95％以上が食料の生産から「解放」されているだけでなく、土地からの分離が「退化効果」を生み出しており、

図 13、図 14
充実した仕事に安らぎを見出す。
自分で創りだす田舎暮らしは、自分の環境の中に再生空間を生みだす。

「それはまさに同じように多くの人が自然の肥沃性循環から切り離されることを意味する」としている[30]。

では、マックス・カール・シュヴァルツとその同志たちが示した方法によって、地に足の着いた自己決定的な人生実践の場を作る道を開くこと以上に明白なことがあろうか。ゲルトナーホーフという独創的なアイデアをもう一度取り上げるべき時が来たのである!　面積基準補助金の廃止による土地の解放という農政上の要求も重要だが、自給率の高い社会的・生態的にまとまった小さな農場のあり方の具体的な展望を示すことも急務である。そして、自己決定的で共同の暮らしをめざす農村生活のための代替案が可能であることを示すことも重要である。もし、多くの創造的かつエネルギッシュな人々が、この目標を明確に心に描いておれば、必要なエネルギーが動員され、道は開かれるであろう。シュヴァルツが「移住就農者の勇気」と呼んだものは、現代人の多くにも感じられるのであって、それは少なくとも、心の奥底で持っている意思としてである。この意思を蘇らせ、共同の暮らしを志向する指導原理と共鳴させ、実際的な存在に覚醒させることが重要である。

今回ここに新たに出版される1933年と1946年のゲルトナーホーフ・コンセプトに関する基本テキストは、何よりも勇気を与えることを意図している。それは、人間にふさわしく、自然のなかで、そしてできるかぎり外部からの供給に依存しない、自律的な農村生活への勇気、大地と生命にふさわしい形で向き合う勇気、土地への公平なアクセスを求めて立ち上がる勇気、ゲルトナーホーフ農民男性・女性として充実した人生の基盤を自らの手で築くための内面教育や熟練をめざす勇気などである。

私は、1994年にファイトとインゲ・ルートヴィッヒ夫妻のドレスデ

図 15
アウトドアへの道
ゲルトナーホーフで、創造的かつ危機に強い暮らし！

ン・ゲルトナーホーフでの実習の機会を得て以来、ゲルトナーホーフの考え方に共感し、農業政策におけるエコロジー的アプローチに関するさまざまな出版物でこの考えへの注意を喚起してきた[31)]。雑誌**『自然と景観』**(Natur und Landschaft）への寄稿では、文化的景観の自然保護における課題解決のアプローチとして、景観管理における小規模な土地利用のシミュレーションにおいて実際の土地利用に還元できるゲルトナーホーフという概念を提起してきた[32)]。その結果、多くの議論がなされるにいたった。しかし、ゲルトナーホーフのアイデアをコンパクトにまとめて、関心を持っていただいた人々に伝えることができるものがなかった。そこで、それ以来、ゲルトナーホーフのコンセプトに関する基本的なテキストを再出版する機会をうかがっていたのである。

数年前、トーマス・フーフのエッセイに出会った。そこで彼は新たに、「エネルギー低投入経営という条件のもとでの新しい移住就農運動のために」、「20世紀のふたつの戦後の非常事態のもとで練り上げられたゲルトナーホーフの概念」を新たに議論に持ち込んだ[33)]。このことで私たちには話が盛り上がり、意見交換が行われ、やがて共通の話題に広がっていったのである。二人とも自給という考え方に現実的な実現可能性があるかどうかという問題に立ち返り続け、ついにゲルトナーホーフに行き着いた。そして、ゲルトナーホーフ・コンセプトに関する重要なテキストを再出版し、自己判断で土に還る自由農民への道を探しているすべての人に贈ろうというアイデアが熟成されたのである。

トーマス・フーフが、私が編集したゲルトナーホーフ・コンセプトに関する基本的な論文を、彼のマニュスクリプトゥム出版社で再出版してくれることに私は非常に感謝している。また、出版担当のシュテファン・フラッハにも、建設的で気持ちのよい協力をしてくれたことを感謝している。

この著作が多くの読者に読まれること、とりわけマックス・カール・シュヴァルツとその同志たちが開発した、創造的で危機に強い人生を送るための道を自ら切り開き、実践していく行動力のある人たちに読まれることを願っている。つまりそれは、雇われて働くか自己労働か、働く場所か居住地か、家族か職業かといった区別を乗り越えた人生である。なるほどゲルトナーホーフの基本的な考え方は決して新しいものではないが、現在、そして将来にわたって食料自給が可能な存在としてのネットワークの理論的基礎を形成することもできるほど充実した内容になっているのである。このような自立的存在のネットワークは、社会全体をより安定した基盤に戻すことができる。そしてそれは食料主権の基礎を生み出し、エネルギー・資源の消費を減らすことと生活の質の向上を結びつける方法を知っている方向へ向っての文化の変革に貢献することができるのである。

ザクセン州ブランケンシュタインにて、 2021年夏

ミヒャエル・ベライテス

【参考文献】

1）Vgl. Paech, Niko（2012）: Befreiung vom Überfluss. Auf dem Weg in die Postwachstumsökonomie, oekom Verlag, Munich.155 S.
2）Schwarz, Max Karl（o.J.）: Das Wesen des Gärtnerhofes. Sein Standort und seine Anwärter, In: Dreidax, Franz et al.（o.J.）: Der Gärtnerhof. Ein Siedlungsziel für tüchtige Landleute und Gärtner. Verlag Br. Sachse, Hamburg. S. 2.
3）Kohr, Leopold（2017）: Das Ende der Großen - Zurück zum menschlichen Maß. Otto Müller Verlag Salzburg/ Wien, 4.Afl. 343S.
4）Kohr, Leopold（2017）: Das Ende der Großen, S.37.
5）Schumacher, Ernst Friedrich（2019）: Small is beautiful. Die Rückkehr zum menschlichen Maß. oekom Verlag, München（初版は1973年の英

語版），320 S.
6）Illich, Ivan (1978): Fortschrittsmythen. Rowohlt Verlag, Reinbek. 140 S., S.111.
7）Schorlemmer, Friedrich（1982）：Eines Tages / als wir erwachten / war alles verändert. In: Die Erde ist zu retten. Kirchliches Forschungsheim Wittenberg, 1982. 全文は以下に収録されている。Beleites, Michael（2016）：Dicke Luft. Die unabhängige Umweltbewegung in der DDR. Evangelische Verlagsanstalt, Leipzig. S. 246-248.
8）今日、移住就農運動はしばしば 民族主義的（völkisch）だと中傷される。右翼による環境運動・自然保護・有機農業の政治的流用を防ぐという口実で、左翼あるいは似非左翼からの環境運動・自然保護・有機農業の政治的流用が各地で進められている。対応する「移住就農者」という言葉は、宣伝文書のなかでは「民族主義的」という属性と結びつけられており、——事実はそうではないのだが——「歴史的にも実際的にも極右と位置づけられて、移住就農者もまた、国家社会主義的民族共同体をめざす右翼過激派だ」とされてきた。たとえば、2020年にチューリンゲン州で出版されたハインリッヒ・ベル基金のパンフレット「自然愛と人間嫌い——チューリンゲン州、ザクセン州、ザクセン・アンハルト州、ヘッセン州、バイエルン州の民族主義的移住就農者」では、新興の農村移住就農運動をアプリオリに悪者扱いしている。(“Naturliebe und Menschenhass. Völkische Siedler*innen in Thüringen, Sachsen, Sachsen-Anhalt, Hessen und Bayern. S. 44）.
　2019年にCh.Links 出版社から出版された「民族主義的土地取得。古い部族、若い移住就農者、右翼のエコロジスト」(「Völkische Landnahme. Alte Sippen, junge Siedler, rechte Ökos”」も移住就農者概念に敵意あるイメージを与えている。
9）Schwarz, Max Karl（1933）, S.92.
10）同上
11）Vgl. Beleites, Michael（2020）：Lebenswende. Degeneration und Regeneration in Natur und Gesellschaft. Manuscriptum Verlagsbuchhandlung, Lüdinghausen and Neuruppin. 277 S.
12）Schwarz, Max Karl（1933）：Ein Weg zum praktischen Siedeln. Pflugschar-Verlag Düsseldorf. 136S., S.24ff.
13）同上、S. 26.
14）同上、S.27f。
15）Paech, Niko（2012）：Befreiung vom Überfluss. Auf dem Weg in die Postwachstumökonomie, oekom verlag, München ,155S., S.146 und 151.
16）Schwarz, Max Karl（1933）：Ein Weg zum praktischen Siedeln. Pflugschar-Verlag Düsseldorf.136S., S. 14.
17）同上、S.85f。

18) 同上、S. 11f und 27.
19) Schwarz, M. K. & Gutschow, A. (o. J.) : Der Gärtnerhof. Ein Siedlungsziel für tüchtige Landleute und Gärtner. (Gärtenerhof I) . Verlag Br. Sachse, Hamburg. 20 S., S. 7.
20) Dreidax, Franz (o.J.) : Vorword in: Schwarz, M. K. & Gutschow, A. (o. J.) , S. 1.
21) 同上、S.2.
22) Schwarz, Max Karl (o.J.) : Das Wesen des Gärtnerhofes. Sein Standort und seine Anwärter. In: Dreidax, Franz et al. (o.J.) : Der Gärtnerhof. Ein Siedlungsziel für tüchtige Landleute und Gärtner. Verlag Br. Sachse, Hamburg. S.2.
23) Haller, Wolfgang v. (1974) : Auf dem Weg zum Gärtnerhof. In: von Haller, W./Hrsg. (1974) : Der Gärtnerhof. Eine Betriebsform eigener Art im Gefüge der Landschaft. Langenburg: 43-47, S, 43f. In: Haller, W. v./Ed. (1974) : Der Gärtnerhof. Eine Betriebsform eigener Art im Gefüge der Landschaft. Langenburg. 51S.
24) 同上
25) 同上、S.46.
26) 同上、S.47.
27) Bartsch, H. (1961) : Dr. Erhard Bartsch. Gedanken an den Mitbegründer der biologisch-dynamischen Landwirtschaft. Ein Lebens- und Wirkensbild. Lebendige Erde (Darmstadt), 12: 1-8, S. 4.
28) Bennholdt-Thomsen, Veronika (2010) : Geld oder Leben. Was uns wirklich reich macht. oekom Verlag, München. 93 S., S. 9.
29) 同上、S.77.
30) Berry Wendell (2016) : Körper und Erde. Essays über gutes Menschsein. thinkOya, Drachen Verlag, Klein Jasedow. (原著は " The body and the Earth" (1977年) 95 S., S. 85.
31) Beleites, Michael (2014) : Umweltresonanz. Grundzüge einer organischen Biologe. Telesma-Verlag Treuenbrietzen / Neu Auflage im Manuscriptum Verlag 2020, S.518 u. 601. Und: Beleites, Michael (2016) : Land-Wende. Raus aus Wettbewerbsfälle. Metropolis-Verlag, Weimar bei Marburg. Reihe “Agrarstruktur im 21. Jahrhundert” der Schweisfurth Stiftung, 2016. S. 160ff。
32) Beleites, Michael (2006) :Ein Impuls für die Kulturlandschaft? Das Gärtnerhof-Konzept aus der Naturschutzperspektive. Natur und Landschaft, 8/2006, S. 400- 407.
33) Hoof, Thomas (2016) : Zeit für pragmatische Reaktionäre, Sezession 74, Oktober 2016, S. 400-407.

I
『実践的移住就農への道』
マックス・カール・シュヴァルツ著

（1933年）

序

私は兵士であった戦時期にすでに、荒れ地の開拓に興味を持ち、そこに移住して新規就農する気になっていた。戦後、戦地から帰還した多くの兵士と同じように、私もまた、開拓して生計を立てたいと大いに願っていたのである。しかし、まずはどういう部門の農業をやるのかをあれこれ考え、そして実際に移住就農するにはそれなりの時間を要したのである。私はその間に、移住就農についての十分な理論と実践経験を積むことができた。

そのうえで、ルドルフ・シュタイナー博士が農民や園芸家に提起した提案を、9年前の就農当初から活かすことができたからこそ、現在、自分の経験を伝える資格があるのだと思っている。その提案はバイオダイナミック農法自体を発展させていったものであった。この農法の指針は移住就農するうえで基本となるものであり、とくに土壌を速やかに農耕に適した状態にできることが証明されていた。今日、バイオダイナミック農法による農業や園芸が、作物収量だけでなく品質の良さにおいても年々成功を収めていることは広く知られている。

私からすれば、このバイオダイナミック農法の助けを借りれば、移住就農方式を、まさに今ではさまざまな困難や問題解決をあきらめざるをえないような状態を、速やかにまた決定的に改善できるのである。

移住して新規就農したいとは思っていても、それ自体は文化的・経済的崩壊として現れる人間社会の崩壊から抜け出すための応急手当でしかないことに私は気づいていた。この完全な崩壊は、現在でも海外への植民とほとんど同じプリミティブな就農を選択せざるを得なくしているのだが、もちろん海外植民よりもはるかに有利な成長条件をもっている。すなわち、バイオダイナミック農法ではこの移住就農をより洗練された方法で行い、その後の建設を安全かつ順調に進め、比較的短期間で土壌を肥沃にできるからである。それを示すことだけでも本書の課題でありうる。

今では移住就農の意思と意欲を持った人がたくさんいる。しかし、労働過程から排除された人たちすべてにそれができるわけではない。失業者の大軍の中の限られた人たちだけにそのような活動が可能である。

老若男女を問わず、失業していても働く意欲のある者は、現在国家が策定している指示や政令、膨大な計画や雇用創出プログラムを懸命に追いかけ、最終的に再び、しかもすぐに雇用を得られるものと期待している。こうした雇用創出計画の中で、移住就農事業は重要な役割を担っている。働く意欲のある人の多くが、移住就農事業の支援を得て、パンを得る仕事に復帰したいと考えているのは当然である。大規模な雇用創出計画はいずれもまだ机上にとどまっている。働きたい人があまり失望することなく、移住就農につながる道筋を見つけることができるようにするという考え方は、まだあまりにおおざっぱであって、誰もが理解できるほどには成熟していない。

さまざまなタイプの移住就農希望者に、自分に適していると思われる道を提示し、各自の最も適切な就農の型を選ぶ機会を与えるために、ここでは技術的な議論に入る前に、移住就農の型についていくつかのことを述べておく必要がある。

都市郊外への移住就農は、就農者に野菜や果実の自給率を高めることを可能にするだろう。これらの就農地は都市郊外にあり、失業者や工業・商業企業で長期にわたっては完全雇用を得ることができない労働者や従業員に適している。このような人々は、たくさんある自由時間の一部を、自分と家族の食料の自給に大いに活用すべきなのである。

ただし、食料を得る移住就農地はあっても、労働者や従業員が失業している限り、一定の失業手当が必要なのはいうまでもない。

若い失業者の移住就農については、しばらくの間、まず年長者の就農農場の建設に見習いで参加するような方法が採用されよう。こうしてまず最初の経験を積んだ後、移住就農訓練センターや移住就農学校での訓練が検討されることになる。就農者の助手としての経験を経て、さらに数年間、移住就農地の建設を助け、続けてそこで働いて経験を積んでいくことになる。そうしてこそ、専業的な農場の立上げとその運営を成功させるために絶対に必要な技術を身につけられる。

しかし、若い園芸家や農業労働者で、すでに徹底した園芸教育や農業教育を受けていた場合にはそうではない。彼らは、短期間、移住経営の手伝いとして働くだけで、より大きな移住農場の建設と、その専業的な経営者になるために必要な技術を身につけることができるにちがいない。

移住就農の意志があるものの、たとえば工場労働者の職を解雇されて支援を必要としている失業中の年配の家族持ちの男性にとっては、就農活動への参入はやや困難である。なるほど人生経験は豊富でも、若い就農者と同じように専門的知識は持っていない。厳しい研修制度にはなじめないであろうから、郊外小農場しかまずは考えられない。

職員や労働者として短時間の労働に従事しており、小規模農業や園芸栽培ですでに習得した知識があるならば、移住就農希望者とその家族が小規模または一定規模の副業的経営を運営し、食料の自給に加えて、さらに収入を得るための特別な作物を栽培することもできるだろう。

多くの場合、移住就農希望者は移住農場の建設資金を持ち合わせておらず、個人で資金を調達した場合にはその利息支払いに困難をきたす。そのために国や州、自治体は、移住就農農場の建設に資金を提供すべきである。ただし、これまでのように初めから全額を住宅建設に充てるのではなく、もっと多くの部分を農場経営に充て、農地の耕作を確立することが求められる。就農者は農場建設期間中はいわゆる仮設住宅に住み、供与された土地を適切に耕作できるようになって初めて住居建設のための資金が提供されるべきである。郊外型、副業型、専業型を問わず、すべての移住就農農場がうまく建設され、運営されるには、以上が原則にならなければならない。

食料自給だけをめざす移住就農を進めることで、大きな社会的課題を解決できるところも少なくない。移住就農による食料自給を実現することで、現在各企業でフルタイム雇用されている人がハーフタイム雇用で働いても生活できる、また今まで失業していた人が再びハーフタイムで働いても食料自給ができるといった考え方がありうるのである。このような社会的感覚と時代の要請から生まれた要求は、土地耕作を基本とすれば、都市郊外に移住農場エリアを設けるだけで実現できるものではなかろうか。

以下では、まず「移住就農」という概念を十分に理解し、次に「移住就農」を実際的に成功させるための経済的な手法を説明する。その上で初めて「実践的な移住就農」のための道筋が示される。

移住就農の意味するもの

知恵の最後の結論はこういうことになる、
自由も生活も、日毎にこれを闘い取ってこそ、
これを享受するに値する人間といえるのだ、と。
従って、ここでは子供も大人も老人も、
危険にとりかこまれながら、有為な年月を送るのだ。

おれもそのような群衆をながめ、
自由な土地に自由な民と共に住みたい。

ゲーテ『ファウスト』Ⅱ部・第５幕 ※

※相良守峯訳『ファウスト』第二部、岩波文庫、462ページ。

相良は、２行目の「自由も生活も」に、「自由な安楽な生活も、ひとから与えられたものとしては価値がない。自分の努力によって作り出すべきであるというのはゲーテの持論である」、さらに６行目の「おれもそのような群衆を」に、「自由な土地に、自由な民とともに住みたいというのは、ファウスト畢生の願望であり」という訳注をつけている。

シュヴァルツが引用したこのモノローグ（独白）を最後にファウストは死ぬ。

なお、シュヴァルツが引用したこの独白の前半に、ファウストは以下のように語っていた。シュヴァルツは引用が長すぎると考えたのであろうが、以下も引用しておればもっとゲーテの言わんとしたところが伝わったであろう。

「あの山脈に沿うて沼沢地があり、その毒気が、
これまで開拓した場所をすっかり害なっている。
あの腐った水溜りにはけ口を作るという
最後の仕事が同時に最高の開拓事業なのだ。
おれは数百万の人々に、安全とはいえなくとも、
働いて自由に住める土地をひらいてやりたいのだ。
野は緑に蔽われ，肥えている。人々も家畜も
すぐさま新開の土地に気持よく、
大胆で勤勉な人民が盛りあげた
がっちりした丘のすぐそばに移住する。
外側では潮（うしお）が岸壁まで荒れ狂おうとも、
内部のこの地は楽園のような国なのだ。
そして潮が強引に侵入しようとて噛みついても、
協同の精神によって、穴を塞ごうと人が駆け集まる。
そうだ、おれはこの精神に一身をささげる。」

なお、相良が「協同の精神によって、穴を塞ごうと人が駆け集まる」、池内紀が「協同の意思こそ人知の至りつくところ」（池内紀訳『ファウスト』第二部、集英社文庫、2004年、406ページ）と訳したドイツ語は

Gemeindrang eilt, die Lücke zu einzuschließenである。ファウストのこの独白を理解するうえでは、池内の新訳よりも相良の旧訳のほうが適訳だと判断した。ちなみに、森鷗外は、この部分を「衆人力を一つにして、急いでその穴を塡（う）めに往く」と訳している（森林太郎訳『ファウスト』第二部、岩波文庫、昭和３年、674ページ）。

なお佐藤政良は「『ファウスト』の干拓事業」（一社・農業土木機械化協会の機関誌JACEM第70号、2020年５月所収）で、①ゲーテが『ファウスト』の第二部の執筆を開始した1825年２月の直前に、北海沿岸が高潮に襲われ、エルベ川河口に近いハンブルグ市では７ｍを超える水位となり、800人以上が死亡し、家畜の多くが失われたことがある。この災害の経験が「海との闘い」、すなわち干拓事業というファウスト最後のテーマにつながったであろうと推察するとともに、②その時代にはイギリスに始まった農業革命がドイツを含む大陸にも波及し、農村共同体の解体と農民解放が社会的課題になっていたことをゲーテは理解したのではないかとしている。

移住就農とは何か。それは、今日では、労働過程から排除された多くの人々がそれに希望をつないでおり、そうした人々は機械と工業が農業労働過程に本格的に侵入し、次第に農業は麻痺状態にされてしまうのではないかと恐れているのである。どの日刊紙にも何段にもわたる移住就農に関する記事があり、移住就農のためのあらゆる方策が紹介されている。各種業界誌には、実際に移住就農に関するヒントやアドバイスが掲載されている。行政、建築会社、銀行が土地の分割について大規模な計画を立て、安価で経済的に建てられる種類の住宅を提案し、綿密に計算された資金計画を立てるのである。政府の移住就農地に関する提案や計画が部分的にはすでに実施されていることを考えれば、絶望的な経済状況から抜け出すために、とりわけ移住就農に大きな希望が託されていることに気づかされるであろう。人々は移住就農を命綱のようなものだとみている。経済が再び軌道に乗ることすべてが移住就農に期待されている。科学技術、工業、建築業など、あらゆるものがそれと結びついた約束にしがみついているのである。

このような人々が移住就農に抱く願望は正当化されるのであろうか。一般に耳にする「移住就農」はそれほど明確でもきちんとしたものでもない。「移住就農」という概念はより詳しく説明される必要があるのである。そして移住就農とその意味するものについては、一定の歴史的な視点による経験から導き出す以外にない。

歴史的に遡ってみること自体は十分に可能であり、先史時代には人々が移住して就農していたことを容易に立証できるだろう。したがって、移住して新規に就農することは太古からのの概念であり、常に土地を占有し、人間や動物のための食料を生産する力の支配を意味していた。今日の地球上の農業が、耕作を目的とする移住によって徐々に生まれてきたことは繰りかえすまでもなかろう。ところが今日では、ヨーロッパには自然がまだそのまま残された景観の土地はほんのわずかにすぎず、ほとんどの土地で農業が大規模に行われている。そのために移住しての就農は、残された景観をしだいに農業のそれに変えていくことになった。つまり、農業が地球上のいたるところで最高潮となり、それが世界経済の崩壊を招いた一方で、農業のないところ、あるいは農業条件の厳しいところで農業を営むという移住就農の思想が復活し、それが明らかに崩壊に対する救済措置として提唱されることになったのである。移住就農が農業への道であるという考え方は、もはやその本来の意味では認識されていないのである。

戦前〔第一次世界大戦前〕における科学技術や工業の急激な発展によって、中欧とくにドイツから外国へ、世界中へ工業製品が大幅に輸出されたことで、中欧、とくにドイツに多額の資金が流れ込んだ。少なくともドイツでは、これらの資金は社会のあらゆる階層の生活水準を向上させるうえで無視できないほどの役割を果たした。ところが、工場や倉庫、オフィスでの緊張した活動は、人々の間にますます機械的になる仕事にたいして、ある種の対抗意識を呼び起こすことになった。余暇は、屋外でスポーツや農業・園芸などのレクリエーションに費やすべきだとなった。このような野外でのレクリエーションへの衝動がどこでも喜んで聞き入れられ、尊重されることになった。自治体は公園や運動場を作り、都市に緑地を点在させ、シュレーバーガルテン運動、クラインガルテン運動※、田園都市運動のために広大な土地を解放して一種の文化ベルト〔緑地ベルト〕を形成することで、都市の境界を縁取るようになったのである。これらは一種の余剰経済から起こり、生活に対する要求の高まりを上のような方法で満たすことが可能になったのである。それはまた工業界により良い雇用機会を求めて、地方から都会へ多くの人が移り住んだ時代でもあった。工業界もまた、労働力を奪われた農業に対して、農業機械を製造し供給することで支援する機会を得た。

※ドイツの「農・工結合の思想」を代表する運動の代表であるクラインガルテン運動は、1820年代に始まった「救貧菜園」がその原型である。19世紀後半に医師D・シュレーバー（1808～1861年）による子供の遊び場の公設に始まり、やがて「家庭菜園」となって、子供たちの体力的・精神的な成長のための自然教育を目的とした「シュレーバー運動」に発展した。1864年にはライプチヒに「シュレーバー連盟」が設立されている。1910年にはシュレーバーガルテン運動と赤十字社の労働者菜園運動が統合されて「クラインガルテン連盟」となり、第一次世界大戦後には都市計画に法的に位置づけられるようになった。1924年には全ドイツで、クラインガルテン連盟加入者数は35万人に達している。1983年には、現行のクラインガルテン法が制定されている。

なお、以上は祖田修氏の研究に詳しい。『祖田修著作選集第１巻「都市と農村」』第６章「都市民と“農”・自然の結合～クラインガルテン制度を通して～」、農林統計協会、2016年、111～132ページ。

L・マンフィールドは『都市の文化』（生田勉訳、鹿島出版社、1974年。原著“The Cultura of Cities”は1930年刊）で「田園都市」（Garden

City）がE・ハワードによる命名とし（同訳書392ページ）、ドイツの「シュレーバーガルテン運動」についても言及している（同425ページ）。

工業の発達と都市への人口流入が極めて急速であったために、都市とその周辺の地価が高騰し、バラックのような建物に多くの人を住まわせざるをえなくなった。地価が高い建築用地は多層階建築に使わざるをえなかった。土地投機に反対し、多くの人々が窮屈で不健康な居住空間に詰め込まれることに反対する運動が、戦前、とくに土地改革運動、田園都市運動、庭付き個人住宅運動、持ち家運動など、さまざまな方面で展開されたことは周知のとおりである。都市とその周辺の地価が高騰していたため、これらの運動の参加者はより遠隔地に土地を求めるようになり、都市の周辺にいわゆる移住就農農場がしだいに形成されていったのである。

ここで初めて「移住就農」という概念が再び登場するのであるが、その概念の起源と比較すると、今度は大きな変化をこうむっている。そこに住みかつ園地を持つために、狭い居住地区から広い都市郊外へ移動することがすでに移住就農と呼ばれていた。そうした運動が順調に拡大していたのだが、戦争の勃発が当初はそれ以上の発展を阻んだ。ところが、戦争が続き、食料難の時代になって初めて、多くの人がシュレーバー菜園、クラインガルテン、家庭菜園など小さな土地を最大限に活用して食用作物を栽培するようになった。多くの人ができるかぎり土地を、行けるところならどこでも、それが荒れ地であっても借りようした。そして、その苦労と愛情によって、その土地は短期間に肥沃な土壌に生まれ変わったのである。

戦後間もないドイツで、食料の不足と不安が最も高まっていた頃、ある園芸家が書いた小冊子が、多くの人の心を捉え、園芸界を驚かせることになった。それは、レーベレヒト・ミッゲの小冊子『誰でも食料自給者』（“Jedermann Selbstversorger”）であった。この冊子の目的は、100㎡の土地で「集約的な」園芸をやれば、一人分の植物食料の自給が可能であることを証明することであった。ところがこの冊子の内容に専門家たちは反発した。とはいうものの、これは大胆で勇気ある行動であり、その結果、全般的な窮乏からいかに抜け出すかについてのさらに多くの考察が導き出されることになった。この冊子がミッゲ自身にとってもその後の研究の基礎となり、彼はこの仕事に熱心に取り組んでいる。『誰でも食料自給者』の副題は「新たな園芸による移住就農問題の解決」であった。

戦争末期から終戦直後にかけての苦難はとくにドイツ国民をどう養うかであって、実は「移住就農」という概念をまったく無意識に人々の中に呼び戻したのである。彼らは、通常の耕作が行われていない土地を新たに耕作することに着手し、肥沃な土地にするにいたったのである。こうした無秩序で非組織的であった移住就農や農地管理が、当時唯一の専門家であったミッゲをして、移住就農に関する大がかりな計画を立てさせることになり、それは当然、都市の改造から着手させることになった。

プロジェクト開発である「キール文化ゾーン」計画に基づいて示されたのは、都市が経済団体として、近郊の田園地帯での集約的園芸が要求するものを供給できるということであった。都市から排出される廃棄物が適切に処理されて「価値ある」肥料として利用される。都市は、水、作物保護材、耕作機械、肥料や収穫物の運搬設備などを提供する。すべての都市が都市廃棄物をそのように処理し、価値ある食料を生産するようになれば、この種の国内植民によって、ドイツの食料自給が可能になる。ミッゲは、そのような結論に達して計画を進めていったのである。

ミッゲがこうした意見を代表する専門家として、そこここで都市行政の責任者に聞いてもらうなかで、ミッゲのアイデアの実現に近づいた人たちもいたにはいた。しかし、専門家としてはミッゲひとりであった。彼のアイデアは、当時としては真の移住就農に非常に近いものであった。しかし当時のドイツ経済が抱える巨額の外債と同時に行われた食料品の大量輸入が、ミッゲが新たに粘り強く主張した考えを浸透させるのを妨げた。その考えには主に二つの基本的概念がある。そのひとつは「移住就農とは土地を耕作すること」、いまひとつは「生産を増やすことを考えて消費を抑制すること」であった。

しかし当時は、上のどちらの基準も意味をもたなくなっていた。とりあえず、お金も食べ物も余るほどあり、終戦間際から終戦直後にかけての窮乏はようやく終わったかに思えたのである。これは、より大きな志が芽生えたことの現れである。戦時中の建築不足が終戦後に持ち越され、どこもかしこも大きな住宅不足に陥っていたので、国や関係当局、また民間も総力を挙げてそれに取り組んだ。戦前、都市に多くの人が流入して一種の住宅難に陥り、その結果、バラックのような建物が激増したように、戦後もまた同じ轍を踏んで、バラックを建てて住宅難を解消しようとする危険性があった。しかし、持ち家運動、農地付き住宅運動、田園都市運動などの新しい動きが生まれてきた。そのような考えにもとづく闘いは部分的に成功している。ここでも、戦前と同じように住宅問題の解決策として「移住就農」という概念が登場した。しかし、そのような移住就農に効果があることの根拠は、戦前とは全く異なるものであった。

戦前は、住宅開発は余剰経済から資金を調達していた。しかし、戦後、住宅開発計画を施行するための手段は、州や市町村当局による外国からの借款、とくにアメリカからの借款による資金だけであった。

確実に言えたことは戦争と苦難からはほとんど何も学んでいないということであって、1914年の建築計画が戦後も単純に継続された。もちろん、とくに住居の快適性に関する点については、相当の改善がなされたのであるが。当時の出来事から少し距離を置いてみて初めて、そうしたぜいたくな住宅計画を実現する方法は、どちらかといえば政治的な目的をもっていたという見方ができるのである。

これまでの数年間は明らかに経済的に繁栄していたが、それは多くの点で以前の建築計画の実施に基づくものであった。要するに、戦後のすべての移住就農は、多かれ少なかれ、住宅不足を解消するための建設事業であったということが改めて言えるのである。

そこでは本当の意味での国土管理はほとんど考えられていなかった。とくに青年運動から生まれた若者たちや、戦地から帰ってきた多くの兵士たちが、自然や土壌への大きな愛着を持ち帰り、それについて多くのことが書かれ議論されたのである。移住就農を希望する者も多く、多くの移住就農者が生まれた。兵士たちは、必要ならば本来の住宅問題が解決する前に、健康を維持しながらまず土地を耕作し、きわめて質素な環境でも生活できるという経験を現場で積んでいたのである。ところが協同精神が欠如していたのか、土地管理の知識が不足していたのか、勇気と喜びをもって就農を開始した多くの人々が、まるでそれが無に帰したかのように疲れはててしまったのはいったいなぜなのか。――移住就農資金が不足していたのか。――しかし、成功している移住就農を追跡すると、どの場合でもそれは資金問題ではないことがわかる。

問題をはっきりさせるには、われわれの時代以前に何が起こったかをさらに調べる必要がある。この２年前までの景気浮揚が見せかけだったということはすでにはっきりしている。科学技術や工業の飛躍的な発展により、いずれの国も世界経済の中でつながっている状況が生まれている。どの国も外貨を獲得するために少しでも多く生産して、世界経済から解放されようという気になったのである。これには、技術革新がみごとに貢献した。そのため、輸出国ではあっという間に生産過剰になり、物があふれてしまった。このような財の蓄積の結果、最も生産性の高い国の多くの産業部門がしだいに停滞していったのである。

その結果、ますます多くの労働者が労働過程から引きはがされ失業してしまった。この数年間、多くの産業分野で失業が増えたのに、一部の人々はそれらの人々の産業界への復帰を期待している。しかし、多くの失業者は元の状態には戻れないかもしれないと、おぼろげではあるが、かなり理由のある疑念を持っている。限られた支援では、生計を立てるにはままならない。

失業者の多くは自分が置かれている状況や、犠牲者になってしまったことを反省せざるをえなくなっている。自分のことは自分でやらなければならない、そのためにはいろいろなやり方があるということに気づかされている。かつて、高給で生活環境がいい、労働時間が短いなどの理由で農村から都会に出てきた人たちは、昔のことをいろいろと思い出している。その記憶の中に、畑で犂を引き鍬を振るう自分の姿があり、まるで予兆のように土壌の生命力が自分に湧き上がってくる。彼らが突然知ることになるのは、土壌は手入れさえすれば、どこでも与えてくれるものだということである。

しかしそれだけに、今の農業や園芸の姿を見ると大きな不安を覚える。農業や園芸の分野では、耕作方法がひとつの頂点に達し、それが大量生産につながっており、再び矛盾に直面している。食料は大量生産されている。ところが農村部では多くの人が飢え、世界のほとんどの国で幅広い国民階層が貧困に陥っている。まさにここでその原因に迫り、この30年から50年の間に、農業や園芸で起こった変化を追跡する必要がある。農業と園芸から移住就農のためのあらゆる指示が生み出されることはいうまでもない。それは今日いたるところで準備されている移住就農のために、そしてそれは国や政府が今日の農業と園芸の経験から得られた指針から移住就農者自身が求めるものである。

ところで、現在の農業や園芸はどうであろうか。――それらにとって大量生産のピークに達するということは、同時に経済的破滅を意味する。このことは、いわゆる集約的方法が大量生産に向けて最大限に適用されているところでは無条件に言えることである。「集約的」概念と「移住就農」概念とが全く同じになっている。それは現在では、本来の意味とは全く関係のないことに使われることが少なくない。

集約的ないし集約的管理とはどういう意味であろうか。その意味するところは、貫通すること、深く掘り下げること、徹底することであるが、それが前提にしているのは、貫通させるべきものは同時に深く認識されているということである。認識するには、調査すべき対象について、あらゆる方面から徹底的な調査を行う必要がある。今日のいわゆる集約的方法に、このような徹底的な全面適用が見られるであろうか。――今日の農業や園芸で行われている集約的な方法は、生物に対して、一方的で粗雑と言わざるをえない形で適用されている。あまりにも一方的かつ粗雑なので、最良の土壌でさえ、その生命力をしだいに弱めていくことは、きわめて多様な現象としていたるところに現れている。土壌の酸性化、土壌被膜の形成による通気性の不良化、土壌の疲弊などが起こり、その結果として栽培植物が菌類や害虫への抵抗力を弱め、天候の影響を受けやすくなり、最終的に栄養価を下げているなどである。

今日の農業や園芸の感覚からすると経済観念が乏しく、ほんの少し前までいいかげんに栽培して馬鹿にされていたような、機械も人工肥料もまったく使わないような人こそ、この不景気の時代を乗り切って破滅から救われるケースがほとんどであったのである。それは粗放的な耕作ということになる。しかしここではそのような農業を推奨するものではない。それが証明するのは、長年にわたってまた今日の経験によればしばしば利点を上回るいわゆる集約的な方法の大きな欠点を、粗放的な農業者が負う必要がないということだけであって、現在、粗放的農業者は工業が推奨した機械や人工肥料を進んで受け入れた集約的農業者よりも良い結果を出しているのである。機械や人工肥料を駆使して集約化するという意味での今日の農業・園芸の集約化とは、栽培に科学技術や化学を多用することである。こうして、工業界は無尽蔵ともいえる市場を自ら開発することができたのである。

農耕という新しい産業分野を工業がどのように征服していったかを振り返ることは非常に有益である。とくに人工肥料や農業機械を中心とした耕作に関わる製品がともかく役割を担うことになる以前は、農業経営の大半が自己完結型の有機体を形成しており、農場内での「受取」と「供与」のバランスが大きくとれていた。これは、有機物の閉鎖的循環で構成され、十分な自給飼料生産と肥料の自己生産と使用をともなった調和のとれた家畜飼育をベースとしたものであった。しかし、新しい経営方法の利用によって、それまでのやり方とは異質なものが外から入ってくることで、この一体性が崩れ、農業経営全体が転換せざるをえないほどの影響を受けるようになったのである。

機械作業をきっかけとした新しい耕作方法は、いくつかの圃場をまとめて大団地を作るという方法を要求した。圃場の畦畔、茂み、堀割りなどの個々の圃場を区切っていたものはすべて取り除かれた。大区画の圃場の作物栽培には、それまで一般的に行われていたのとはまったく異なる輪作が必要になった。飼料作物の栽培がしだいに制限されて穀物栽培が中心になると、輪作の多様性が失われ、とくにソバ、ナタネ、ケシ、亜麻など、圃場にカラフルな花を咲かせる作物の栽培は時とともに消滅した。それまでの栽培方法に比べれば、大規模圃場での単一の作物栽培が際立つようになった。このような栽培は、機械力で広い圃場を短時間で耕し、犂で徹底的に耕起できるので合理的だとされた。それだけでも単収をかなり増やすことが可能になった。この機械化と並行して、人工肥料が使われるようになり、かつての農業者では考えられなかったような大量生産ができるようになった。こうした合理的な考え方は、当然、家畜飼育にも反映された。そこでは、より大きく、より生産性の高い動物を飼育することが目的になった。とくに乳牛と豚の飼育でその傾向が強かった。やがて、合理的乳牛飼育は、外部からどんどん濃厚な飼料を持ち込まなければ成り立たなくなった。

しだいにあらゆる農業の有機的組織の最も細かい部分にまで大量生産への努力がおよぶようになった。成長し続ける農耕のために必要な方策が、専門的工業分野から生まれたのである。しかし、この一面的で、投機的性格を強くもった工業の農業への浸透は、あらゆる農産物の大量生産を必要とした。それは当初は最大に歓迎されたのであるが、同時に気候変動にひ弱な作物、菌類や害虫への抵抗性の弱さ、さらには味覚・保存性・重さ・色持ちの低下など、圃場作物・園芸作物の品質低下といった周知の嘆かわしい現象を引き起こしたのである。

こうした新農法の欠点が認識されると、化学工業はその欠点の除去にふさわしいと思われる手段を提供した。現在では無数の農薬が作られ、予防のために、また菌類や害虫の襲撃の急性期に使用される。そして、化学工業はさらに発展し、農業や園芸における害虫の出現にビジネスチャンスを見出した。しかし、これらの農薬には、病虫害の原因を排除することができるものはほとんどない。その効果は、せいぜい外的被害を短期間抑える程度のものにすぎない。実際、多くの農薬はその毒性によって、害虫の蔓延による被害以上に大きな害を及ぼしている。また、現在業界で生産されているこれらの農薬は、短期間に表面的な弊害を取り除く効果を維持するためには、年々使用頻度や散布量を増やしていかなければならない。それは、人工肥料の利用の場合と同様である。このことは、産業界にとってはビジネスがどんどん増えていくことを意味するが、それは同じ程度に農業者にも害を及ぼすことになった。そう、実は農業者は二重のダメージを受けている。つまり、彼らの経営がいわゆる集約的な方法によってしだいに困難をきたし、大量生産品が品質不足のためにひどく評価され、外国産品と自由に競争できる状況ではなくなるのである。

いわゆる集約的な手法に依存している産業界は、そうした姿勢で自ら墓穴を掘っている。今では農耕という貴重な市場を完全に失ってしまう兆候が顕著である。しかし、わが国だけでなく近隣諸国、そして現在では海外でも、農業では同様の病害が出現したことが知られており、関連工業製品の輸出がかなり減少しているのが現状である。しかも、それはより長期にわたって完全にストップするのではないかとされている。

以上の説明が意図しているのは、今日の農業と園芸では当たり前になっているいわゆる「集約的方法」が、移住就農者の耕作にはまったく適していないことを示すことにある。ここで紹介したデメリットをもつ集約型を克服した本当の意味での集約的な耕作に徐々に戻っていくには、農業や園芸の世界でも長い時間がかかると思われる。ここで土壌管理についての歴史的な見方から認識できることを実現するだけなら、それは完全に自己責任であるという結論、つまり崩壊から新しい構造への道を自分で発見しなければならないということである。土地耕作に関するこの自己信頼は、土地を持っている者に対して、海外の入植者と同じ資質を持ち、また持たなければならないという特性を与えるであろう。海外の入植者にはただひとつのモットーがあって、それは「すべての力はまず開拓する土壌にあり」である。

農業や園芸はその本質が理解されなくなったため、いわば土壌を失ったようなものである。そのため、耕作者は皆、開拓者のような勇気を持たなければならない。この開拓者的勇気は、おそらく外的な実践活動よりも、内なる訓練、つまり、自然、土壌、植物、動物のなかに、そしてわれわれ自身のなかに現れる、あらゆる生物のなかにある驚くべき相互関係と法則を理解しようと努力することにあると考えられる。自分の思考の世界では、このプロセスが後に土壌そのもので起こるのと同じように、彼は耕作しなければならない。耕作者は、自分の農場を耕作するすべての活動の基準を、しだいに自分自身のなかに見出していかなければならない。それはおそらくこれまでと比べると後退しているように見えるかもしれないのだが、実際はまったくそうではない。われわれは自分自身のなかに基準を見出すことによって、現代の科学技術がもたらすすべての成果の主人となる。これまでわれわれを圧倒し、完全に支配してきた科学技術の結果については、すでにここでいくつかの本質的な点を説明したとおりである。

農民や園芸家の転換に必要なものとしてここに述べたことは、実際の移住就農者にとってはきわめて大きな問題となる。移住就農者の耕作がいかに困難であるかが冷静に示されなければならない。農民や園芸家は、少なくとも住居、園庭、家畜、農具、農地を所有しており、多かれ少なかれ良い状態にある。この点で、移住就農者はどうか。——彼はほとんど何もない状態である。農民や園芸家が割に合わないからと耕さなかった最悪の土地が彼の手に渡る。その土地はせいぜい酸性化した草地や伐採された土地であり、多くの場合、ヒースに覆われた、または泥炭地などの完全な荒れ地でもある。避難できる場所は遠くにしかなく、宿泊場所を見つけられないようなところである。本来の移住就農者が直面するのはそうした状況である。というのも、今日、移住就農と呼ばれているものの多くは、本当の移住就農ではないからである。

真の意味での移住就農を理解するための闘いにおいて、今日、移住就農と呼ばれているものについては、簡単にでも考察の対象にしなければならない。一般的には経営放棄された大農場や、荒れ地が残されている。そして、通常、実際の土地管理とはあまり関係のない政府機関や建築事務所が、その土地の移住就農計画の設計を依頼される。この計画は、各移住就農者が等しい土地を受け取るように土地を分割することであり、その土地がどのように耕作されるか、また、選択された規模としっかりした建設的なやり方でその地域にふさわしいものであるかは考慮に入れられていないのである。

現在でももっとも重要なのは、移住就農に適したタイプの住宅の設計いかんである。ほんの数年前までは、移住就農者用の住宅はりっぱな外観のものが多かった。幸いなことに、この状況は変わってきている。というのも、ほとんどの場合、移住就農者は住宅投資資金の利子すらまともに払えないことが明らかになってきたからである。使える資金をすべて住宅建設に充てた場合、移住就農者は完全に無一文となり、もっと重要な土地の開墾や耕作を行えず、必要な農器具も購入できないことがほとんどであった。最近になって、このやり方はまちがっていることがわかってきた。しかし、その一方で、個々の移住就農者に割り当てられる資金は大幅に削減され、自治体の支援で小さな家を建てることができる程度にしかなっていない。このように、移住就農者が自分の土地を耕作し、設備を整える資金をほとんど持っていないという事実は、まったく変わっていないのである。

しかし、本当の意味での移住就農では、まずは土地の開墾、耕作、必要な設備の調達がすべて重要視される。移住就農者は非常用住宅か共同バラックに住み、土地が整備され、すなわち肥沃になり通常の収入が得られるようになって初めて、移住者に必要な生計が保証され、住宅の建設が正当化されるのである。移住就農者にとっての鉄則は、住宅問題を解決しようと考える前に、土壌を肥沃にすることで苦労しなければならないということである。同時に、いま一つの移住就農者の原則は、「土地はそれを最もよく耕す方法を知っている者のものであるべきだ」ということの全体が正しく理解されているかに応じて評価されるということである。

このような移住就農者の経験は、太古の昔から知られており、真の移住就農が成功した場所では常に有効であったのである。ところが、これまで移住就農の分野での代弁者となってきた人々の前ではそれはもはや存在しなかったかのようである。移住就農が決められた場所、政令や原則、法的規制が作られた場所では、実質的に移住就農を経験した人はほとんど参加していない。移住就農のための部門、委員会、委員会の主要メンバーは、科学者やあらゆる分野の多数の専門家ですべて構成されていたが、実際の移住就農の分野ではそうはいかないのである。さて、あらゆる逆境に打ち勝って自己主張できる実践的な、つまり本物の移住就農者はどこにいるのだろうか。

最近、農業の決定的な問題、たとえば肥料の問題が議論されたときも、同じような状況であった。肥料問題のイベント全体に集まった70～80人の参加者のうち、４分の１が政府と農業会議所の役人、４分の１が肥料商社関係者、４分の１が農芸化学者であり、実際の農業者はひとりかわずか数人であった。このような催しから、信じがたい不都合が生まれてくるのであって、その過程で生じた問題はその深刻さを実感できる。すでに多くの場所で、理論や商魂によって移住就農の芽が摘まれていることに驚くことはなかろう。それではこれまでの移住就農にあったような混沌から、どうすれば抜け出せるのであろうか。

これまでの移住就農の経験から教訓が引き出されるべきである。つまり、まずは土地を開墾し、それから住宅問題の最終的な解決策を考えるという、本当の意味での移住就農の原則に従うべきなのである。

土壌の管理は、バイオダイナミック農法による自然の原則に従って行われるべきである。

これまでの移住就農の状況、ひいては農耕の状況を踏まえて、以下の概要で、自然なアプローチの方法を簡潔に説明したい。しっかり自然にかなった農耕およびその方法が、常に移住就農のモデルでなければならない。

1．湿地帯の土壌（生腐葉土）を除いては、腐葉土の基盤がきわめて薄く、その中に存在するわずかな活力も短期間で消費されつくされるため、開墾に際しては人工肥料を使わないようにする。
2．人工肥料の調達に予定された資金は、もっぱら天然肥料の購入に充当される。
3．購入した天然肥料は、購入後直ちに慎重に準備し、ていねいに扱わなければならない。その熟成を待って、最初に開墾し利用できるようになった農地に肥効を見込んで施肥する。
4．土地の開墾や利用は、配分された移住就農地のすべてでいっきょに行われるのではなく、十分な施肥を行い、適切に耕作できる範囲でのみ開始できる。

5. 開墾は被覆植物の除去から開始される。刈り取った草はすぐに堆肥化され、1年後には非常に価値のある天然肥料を得ることができる。
6. 草が刈られた土地の大部分ではマメ科作物が栽培され、それが腐植を豊かにし、土壌を活性化させて、購入する家畜の飼料となる。
7. 家畜は飼料基盤ができれば調達する。そうすれば最も価値のある成長要因である天然肥料の生産量が増え、移住就農者の食料基盤を大幅に改善することができる。家畜飼育は、土地の集約化の度合いに応じて年々増加する肥料の循環を完成させる。
8. 最初の開墾作業と同時に本来の住居をすぐに建てるのではなく、厩舎付きの仮設住宅（農場建設期間中の住居、**図12参照**）を建てることになる。これによって節約された資金は、移住就農地のより良い整備と集約化に使われる。
9. 最初の耕耘作業と同時に作物保護措置を講じることで、最初の作物栽培でもほぼ通常の収穫ができるように耕作地を設計する必要がある。
10. オランダ式温床フレームを使用することで、最初から促成栽培が可能になる。
11. 本来の住宅を建設するのは、その土地が十分に耕作され、移住就農者が生計を立てるのに十分な収穫が得られるようになってからである。
12. こうした移住就農の道は、原則として個別の移住就農者にも共同で移住就農する場合にも適用される。したがって、都市周辺部小農場での就農、副業的就農、専業就農などあらゆるタイプの移住就農にも適用される。

バイオダイナミック農法の概要※

見落としてはならないのは、ここ数年来、農業の方法に変化が起きていることである。それは、当初はたいへん小さな変化ではあったが、しだいに広く受け入れられるようになり、「バイオ（生物学的）」という言葉でその名を知られるようになった。今日、農業における生物学的というか自然な方法については、ほとんどどこでも理解を得られているが、すべての生物に支配的な「ダイナミック」についてはほとんど理解されていない。ここではバイオダイナミック農法について詳細に説明するのではなく、実際の移住就農にとってとくに重要な方向性についての大まかな説明にとどめたい。

※本節の訳は、紙幅の関係で一部省略した。

バイオダイナミック農法は、人智学者ルドルフ・シュタイナー(Rudorf Steiner, 1861～1925年、現在のバルカン半島クロアチア領生まれだが、オーストリアやドイツで活動）が1924年にブレスラウ（当時はドイツ領、現ポーランドのヴロツロフ）で行った講演を発端とする。それまでの鉱物性肥料の中心に形成された農法体系を否定し、「生命力を持つ」堆肥の使用を中軸にする農法への転換を理論化した。シュタイナーが理論づけた農法は、彼の死後、「バイオダイナミック農法」と呼ばれるようになった。

有機農業の源流である「有機農業インドール式」の創始者アルバート・ハワード（1873～1947年）からは、バイオダイナミック農法が人糞尿を肥料としてはそれほど評価しなかったことを批判されている。

バイオダイミック農法についてのわが国での研究は以下を参照。トゥラガー・グロー/スティーヴン・マックファデン（兵庫県有機農業研究会訳）『バイオダイナミック農法の創造――アメリカ有機農業の挑戦』新泉社、1996年、藤原辰史『ナチス・ドイツの有機農業――「自然との共生」が生んだ「民族の絶滅」』、柏書房、2005年、なお、エアハルト・

ヘニッヒ（日本有機農業研究会・中村英司訳）『生きている土壌——腐植と熟土の生成と働き』（農文協、2009年）もバイオダイナミック農法に基づく土づくりを肯定的に紹介している。

ある日、ドイツ国内での大量生産にストップがかかった。というのは、同じく大量生産品でありながら、たいへんきれいにパッケージされている外国産に市場を席巻されたからである。とくに、野菜や果実などの青果物にその傾向が強かった。それらは確かな品種に「標準化」され、その種類や品種に対応したパッケージで提供されていた。青果物についてのそうした考え方は、当初、国内生産者にはとってはたいへんなショックであった。ドイツの青果物生産者は、一刻も早く外国産を市場から追い出す方策を取らざるをえなくなった。

しかし、ドイツ国内ではさまざまな対策が施されているものの、現在もなお多くの産品で諸外国がドイツ市場で優位にたっている。現在ではドイツ産の野菜・果実も、大量生産されたものであるが、買い手の購買意欲をそそるような一定の品質をもち、パッケージがなされている。かつては、買い手を惹きつけるためのパッケージなどは重要視されていなかった。しかし、そのような努力は、見せかけのきれいさだけに価値を置くのでなければ歓迎されるべきことである。

そうした産品は、台所ですぐに見栄えが悪くなってしまうことが少なくない。また調理中や蒸し焼き中の匂いがあまり良くなく、野菜・果実は火が通り過ぎたり、煮くずれしてしまうこともある。また、購入の決め手となった美しい色も失われていることが多く、風味を出すためにはスパイスや塩、オイルなど多くの材料が必要である。食料庫や地下室で保存しても腐りやすく、元の重量がなくなってしまうことがよくある。野菜・果実の瓶詰め缶詰めなどの加工の際にも、同じような経験をすることがある。加工品の見栄えのために着色されることもある。

生産者の状況はどうか。――圃場や園地で栽培された野菜や果実のうち市場に出回っているのはほんの一部で、かなりの部分がその農場内に残されている。大量に生産されたもののなかから、一定の選別品だけが市場に出回り、残りは低級品として経営内に残され、そこで自家消費されたり家畜飼料になっている。さらにその残りはあまりにも品質がよくないので、堆肥原料にされてしまうこともよくある。ということは生産者は通常、自分自身や家畜のための健全な食料を手に入れることがむずかしいということである。このことは、後述するように非常に重大な問題である。

今日の農業や園芸は大量生産を誇っているが、その産品の多くが低級品として扱われるようになると、それはまずいことである。かくして大量生産の意義が大きく疑われるようになった。にもかかわらず、多くの論説や記事で、決定的かつ誇張された数字で繰り返し大量生産が主張され、大量生産からの脱却は国民への食料供給を脅かすことになるとされている。

植物栽培では大量生産を追求するあまり、栽培におけるきわめて重要な本質が見落とされている。次のような事例で説明しよう。野生植物と栽培植物とを比較し、そのために、たとえば、キャベツ類の植物にさかのぼって、その中から形態がさまざまな科からセイヨウノダイコンと高度に品種改良されたシロキャベツを選び、隣り合わせに並べても、この二つの植物が互いに非常に近い関係にあるとは思わないはずである（**図1**を参照）。この二つの植物を比較すると、まずセイヨウノダイコンが美しく、調和のとれた形の植物であるといわざるをえない。根、茎と葉、花と実からなる三部構成の植物であることはかなりはっきり認識できる。この植物が生物であることは強調するまでも

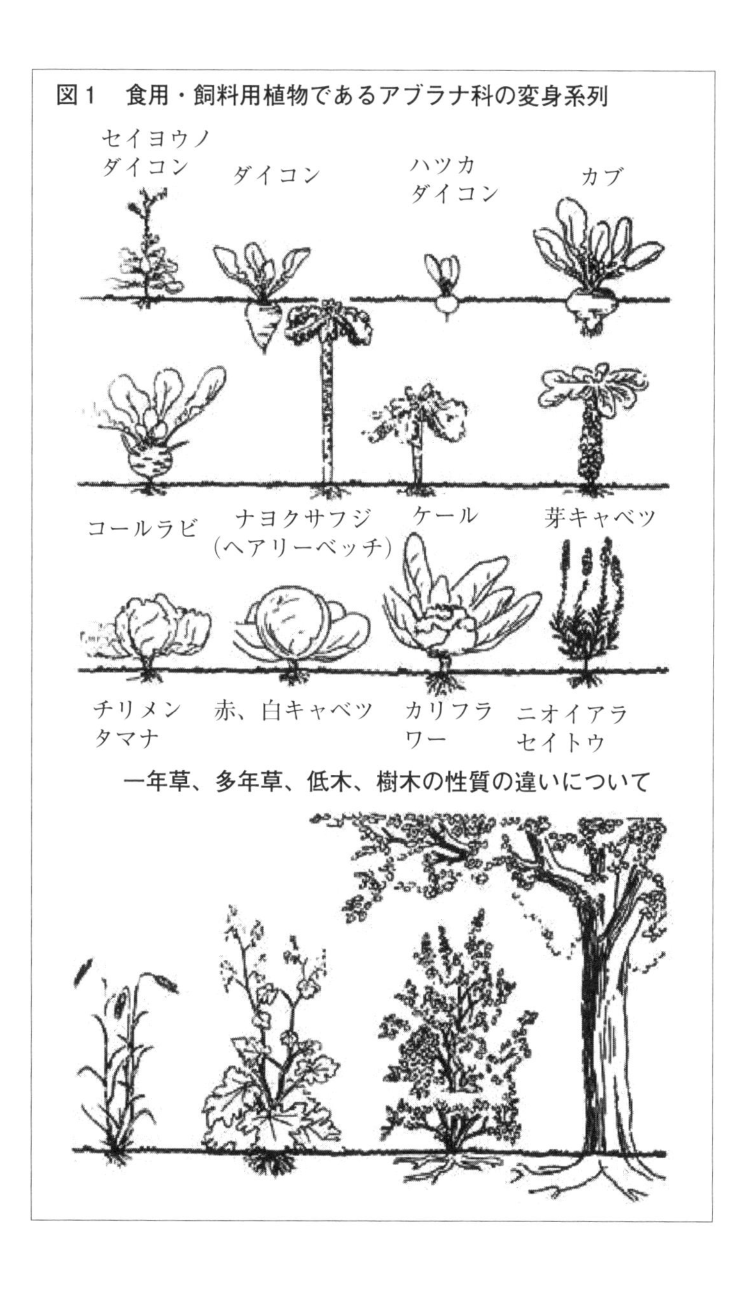
図１ 食用・飼料用植物であるアブラナ科の変身系列
セイヨウノ
ダイコン
ダイコン
ハツカ
ダイコン
カブ
コールラビ
ナヨクサフジ
（ヘアリーベッチ）
ケール
芽キャベツ
チリメン
タマナ
赤、白キャベツ
カリフラ
ワー
ニオイアラ
セイトウ
一年草、多年草、低木、樹木の性質の違いについて

ないが、なぜこれほどまでに美しく整った植物であるのかである。

植物には活力があり、セイヨウノダイコンには異常なまでにそれが出現する力が働いていることは誰も否定しないだろう。その種子や胚芽には信じられないような力があり、それが人間の敵になってしまったのである。種子に存在するこれらの力は、その成長プロセス全体をつうじて植物が形成するものと同じ基本的な性格を持っている。植物が異なれば、その特異性から固有の活力も異なることを理解しなければならない。たとえばヒースという植物には驚異的な繁殖力や発芽力を与える一方で、野生キャベツという植物から、しだいに高度に育種されたシロキャベツのような栽培品種植物を生みだすことが可能なのである。

まず、土壌管理と施肥に関する問題から始めよう。

今日の農業や園芸において、「移住就農する」という概念や「集約的」という言葉と同じように、施肥の本当の意味が不明確である。バイオダイナミック農法の創始者であるシュタイナー博士の提案からの言葉を借りれば、「施肥とは植物に栄養を与えることではなく、土壌に生命を与えることである」というのが核心であろう。土壌を活性化するには、生命活動に直接由来する物質、つまり有機物の性質を持つ物質を加えなければならない。なぜなら、有機物には、私たちがすでに植物において構築力または形成力として理解しているのと同じ力が働くからである。このような生命現象に直接由来する有機物では形成力がとくに効果的である。その結果、有機物が土壌に活力を与え、栽培植物が大きく育ち、健康に成長、成熟して十分に価値のある食料となるのである。

植物の栽培には、有機質肥料のほかに、鉱物性人工肥料もまだ広く使われている。これらのミネラル肥料は無機質であり、死んだ偏った産物であり、植物の健全な成長を保証すべき形成力を必要とする生命プロセスとは異質なものを形成している。一般に、経験上、無機物は植物の吸水を強く促すことで必要ではある。それで作物は大きく成長するからである。

ところがバイオダイナミック農法で特別に作られた肥料に関する長年の実践から、人工肥料の使用は完全になくしてしまえることが分かっている。従来は人工肥料を使うことでしか得られなかった収量を得ることができる。しかも高収量であるだけでなく、従来の栽培方法ではほとんど得られなかった品質の良い作物であるのが特徴である。有機質肥料の収集と処理に必要な配慮がなされていれば、鉱物性肥料を使わなくても、収量低下によるよく言われるような国民の栄養状態の悪化といったことはありえない。

とくに注意深く管理された有機質肥料によって、土壌には明らかに驚くほど大きな生命力が誘発され、植物が独自のダイナミック（活力）を発揮して、鉱物性のものも含め、環境に存在する成長因子を最大限に利用できるようになる。同時に、作物は、経験上、（気象変化などの）あらゆる極端な影響に耐えられるようになった。耕地の施肥には、今日の通常の土壌堆肥よりも多量の堆肥やコンポストを必要とすることはない。

人工肥料の使用の利点や成功が強調される一方で、有機質肥料の使用での失敗がしばしば前面に出されるのは、すべて次のような誤りによるものである。すなわち、未熟状態での使用、処理のまずさによる劣悪化、過剰な量の施肥、撒布時期の誤りなどはいずれも避けなければならないのであって、土壌に思いやりと正しい感覚を持って接すれば避けることができるものである。

家畜糞尿の形態での有機質肥料と人工肥料の比較試験で、人工肥料の方が収量は多かったという話はよく聞かれる。ところが、こうした実験は、通常、精密性に問題があって、結果は正確とはいいがたい。厩肥に関しては、そのほとんどの場合、その質が表示されていないからである。厩肥の由来、敷料、厩肥を生み出す家畜の飼育や給餌に関する情報はない。糞尿の分解状態についての情報もない。しかし、これらはすべて、肥料の価値を評価するうえで極めて重要なのである。

有機質肥料、とくに厩肥に関する研究は確かにあるにはあるが、ほとんどの場合、それらは化学組成の研究に限定されており、そこに形成力として働くものには踏み込んでいない。化学的な分析ですでに明らかになっていることだが、厩肥の多様性は、それがもたらす活力効果まで調べると驚くほど大きなスケールを見せるのである。

肥料の役割を果たすすべての有機物には、動物性廃棄物と植物性廃棄物の二種類の廃棄物があるが、それには「廃棄物」という言葉にふさわしい分解過程が進行している。

バイオダイナミック農法により、蓄積された動植物性廃棄物をていねいに堆肥化することで、価値の大きい肥料に変換することができる。

栽培植物の生育力はこれまでの栽培方法では十分に発揮されていない。ほとんどすべての栽培土壌が以前のようには「堅牢性」と「緩衝性」を十分には発揮できなくなっていることはよく知られている。しかし、「堅牢」と「緩衝能」は、土壌の活力度合いを示す性質である。

経験上、人工肥料を使用している農場では、きわめて注意深く施肥していても、有機質肥料の効果が十分には発揮されないことがわかっている。その結果、ある種の病的な状態に陥るのであって、この病害は農芸化学の原理に従って作物栽培がなされているところならどこでも見られ、それは動物の飼育にも影響をおよぼし、すでに人間にまで広がっているケースも少なくない。

人間の疾患治療に活躍する薬用植物が数多く知られている。その昔、疾患治療は薬草だけで行われていたこともあった。化学分野での異常な進歩によって多くの合成薬が生まれ、薬草から作られる薬に取って代わった時代もあった。しかし、現在の医療現場では、合成物質よりも生薬から得られる治療薬がすでに優位に立っている。人間にとって有用であった生薬は、土壌や植物の疾病を治すときにも同じような性質を示す。

そこで、薬用植物からていねいに調合されたコンポストを少量、厩肥や堆肥に加えるのである。薬用植物をこのような堆肥に加工することで、個々の薬用植物の性質が特殊なプロセスで効果を発揮するようになる。これらの薬用植物コンポストは、厩肥や堆肥に含まれる活性力の効果を著しく向上させる。そうした処理のなされた土壌は活力を増し、そこに育つ栽培植物は健やかに成長し、収穫時には高い本物の品質になる。薬用植物コンポストの利用やバイオダイナミック農法全般についてより深く紹介している文献は、付録として掲載してある。

少量の薬用植物コンポスト——そうした薬用植物には、セイヨウノコギリソウ、ローマカミツレ（カモミール）、イラクサ、カシの皮、タンポポ、カノコソウなどが重要である——を加えられた牛糞や堆肥は、驚くほど短時間で分解する。中温で分解させるだけで、短時間で無臭、粉状または砕けた構造になって、個々の粒子はかなりの膨潤力を持つ。切り返しを１回やれば、遅くとも１年以内に分解が完了し、稀な例外を除いて、見た目がよく、香りのいい花壇用腐植土のような理想的な肥料ができあがる。このように処理された堆肥や厩肥の活力は、通常よりもはるかに多くのバクテリアの存在で証明される。

肥料づくりに特別に要した労力は、肥料を積み込んだワゴンからスコップで撒くだけでよいことで報われる。また、とくに園芸では、肥料を土壌とかき混ぜるだけでよいので、保管も簡単である。土のような構造をしているため、土中での分散が理想的である。すべての厩肥がそうであるように、未施肥の状態で土壌に入れられたように、土壌中で異物を形成することはなく、すぐに土壌になじむ。

現在では、人糞尿もまったく一般的に有機質肥料のひとつに数えられている。しかし、バイオダイナミック農法では、人糞尿の利用は家畜糞尿と混ぜること、しかもその割合は家畜糞尿の方が人糞尿よりも多いこととしている。とくに大都市周辺では、下肥がクラインガルテン、移住就農農場、園芸農場、近郊の農業経営ではよく使われている。

下肥を化学分析すると有機質肥料のなかでトップクラスの肥効がある。これが最近、肥料として人気がある理由でもある。しかし、大きな危険があるのは、未熟の人糞尿や下水灌漑農地（das Rieselfeld）〔土中を流れるうちに浄化された下水を利用した耕地であって、大都市周辺に多い〕などである。よく知られているように、この方法で育てた野菜には調理の際に悪臭がする。そうした栽培の野菜や果実を継続的に摂取することは、人間にフルンケル症〔化膿菌が毛包や汗腺に入って起こる急性の炎症〕などの疾病を引き起こす原因となっている。また、これらの観察から、L・ミッゲなどの特定のサークルやその代表者からは、人糞尿の利用についてはとくに慎重な堆肥化対策が提案され、対策が講じられており、その結果として、外部から検出できる疾病の症状がほとんど人間に出ないという事実にもつながっていると思われる。しかし、どんなにていねいな堆肥化と処理をしても、人間の生体を通過する間に除去される微細なミネラル物質を添加することはできない。この消化過程での除去は家畜よりもはるかに激しいため、単独で使用しては土壌の活性化を目的とする肥料には使えない。

肥料が作物栽培の中心的な手段であるとするならば、生育を促進す

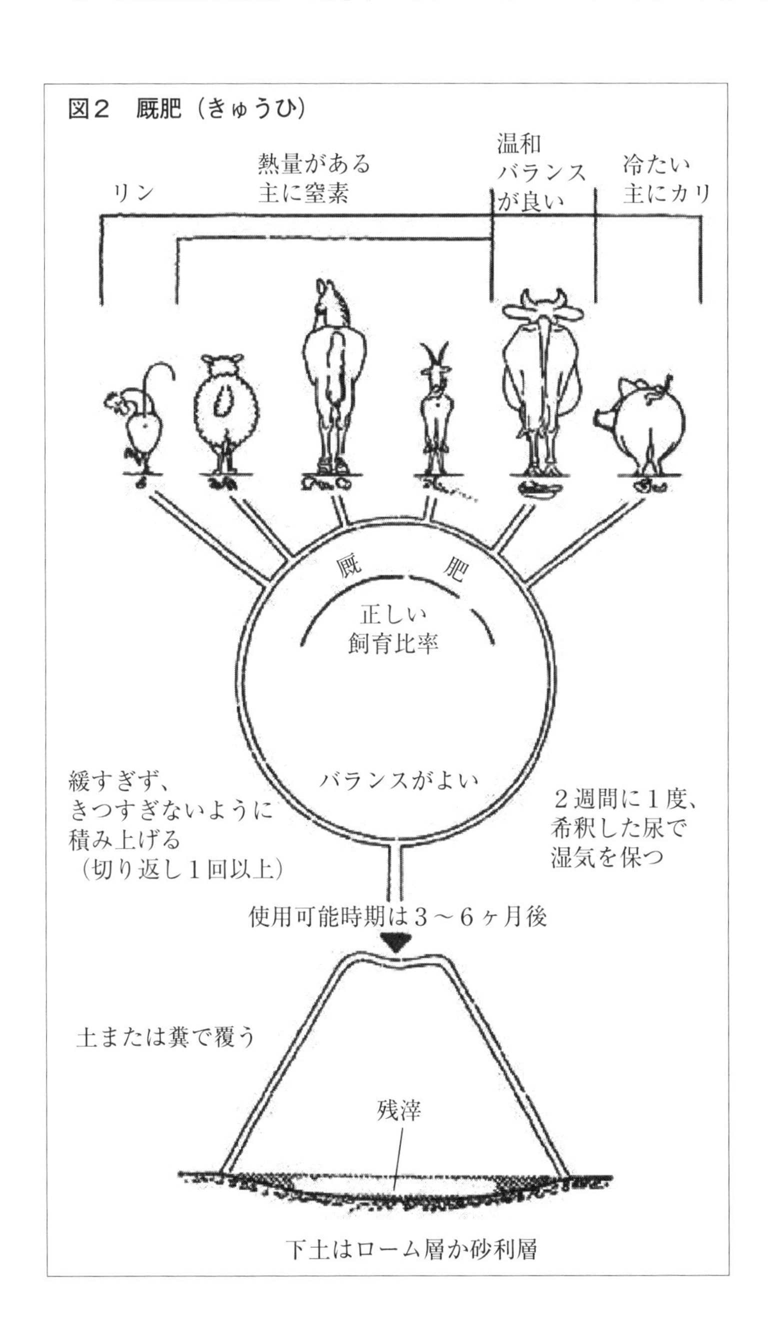
図２ 厩肥（きゅうひ）
リン
熱量がある
主に窒素
温和
バランス
が良い
冷たい
主にカリ
厩 肥
正しい
飼育比率
バランスがよい
緩すぎず、
きつすぎないように
積み上げる
（切り返し１回以上）
２週間に１度、
希釈した尿で
湿気を保つ
使用可能時期は３～６ヶ月後
土または糞で覆う
残滓
下土はローム層か砂利層

図14　傾斜地での段差の設置

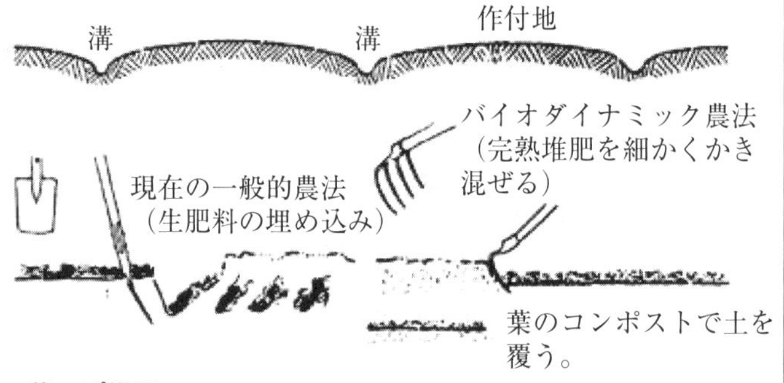

葉っぱ堆肥

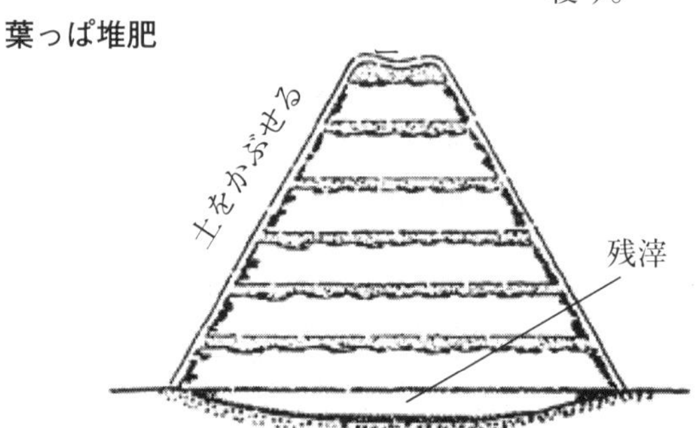

○現地の土地条件によって異なる。
○11月に20～25cmの高さで葉っぱを積み上げる。
○切り返しは３月下旬に１回。
○水分補給は、８月に１回、牛尿と希釈水と牛糞を溶かした液をかける。

る他の一連の要素を考慮しなければ、この点でいかに努力しても施肥効果を十分に発揮させることはできないだろう。土壌の活性化を重視した施肥では、土づくりの前提条件も全く異なったものになる。バイオダイナミック農法による施肥を何年も続けた土壌はその構造が根本的に変化するのであって、それはここで簡単に説明するよりもはるかに多面的である。土壌は砕けやすく、非常に緩やかで、土壌有機体が天候の変化による過酷な影響を受けるあらゆるものから身を守れる有効な力を持つようになり、それは「緩衝能」と呼ばれている。このような土壌は非常に激しい降雨が続いてもシルト化せず、また非常に乾燥した状態でも保水力を維持できることが確認されている。また、霜の影響も受けにくいことがわかっている。

このように土壌自体のダイナミックな力により、砕土や散水などの農作業が軽減される。経営によっては露地での砕土や散水が不要になり、準備のための土壌耕起だけですむようになったところもある。そのため、プラウや犂で土壌を反転させず、長い歯を持つ施肥レーキで肥料を混ぜ込むだけである。このように、作物栽培に効果的に取り込むことができる本来なら利用されていない自然の力を利用することで、作業の大幅な省力化が図られるのである。土壌を理想的な状態に近づけるためには、有機物による活性化だけでなく、バランスのとれた対策が必要である。今日では、ほとんどの栽培土壌は長期的に植物の健全な生育を保証するバランスを欠いている。

作物栽培に理想的な土壌は、腐植、ローム（粘土）、砂の三つの基本物質がバランスよく含まれていることである。しかし、大半の土壌はバランスが悪く、その組成は腐植かロームか砂かの三つの基本物質のいずれかに偏っている。

このような土壌でも、そのきわだった特徴を完全に失うことなく、

図４　土地改良のための堆肥

野菜くずなどの堆肥化で最高の土壌改良を実現。
雑草、作物の廃棄物、芝生なども主要原料。

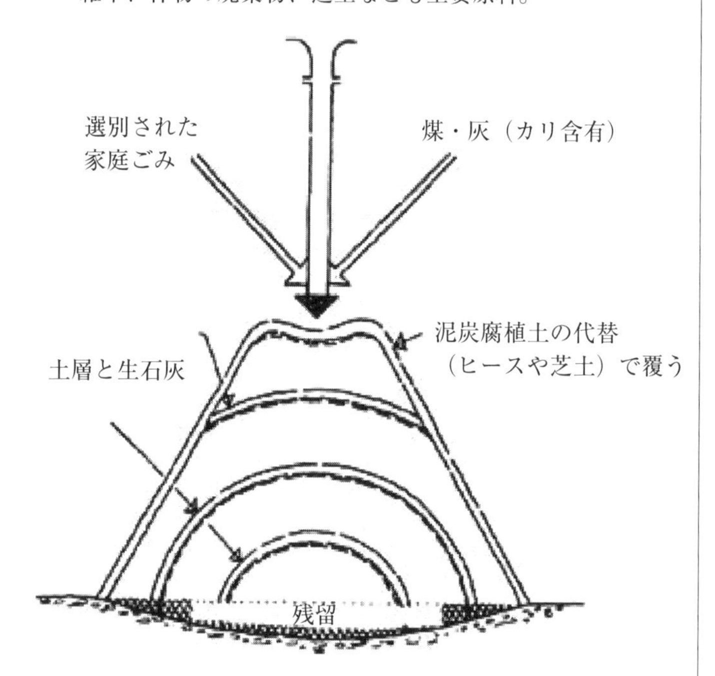

○水分補給：８日に１回、希釈した牛糞か溶解した牛糞を交互にに与える。
○切返しは準備から12週間後。
○使用可能時期は１年後。

植物の生育に対する効果を徐々に均一化できることが実際の経験から分かっている。この補正は、特殊な堆肥を耕地にごく少量加えることで実現する。したがって、顕著な砂質土壌には細かい粘土質の堆肥を、泥炭質土壌には砂に加えて粘土質の堆肥を、粘土質土壌には通常の完熟堆肥と植物堆肥に加え、細かい砂質の堆肥を施す。これらの堆肥の使用量は非常に少ないので、その量と効果については、一種のホメオパシー（同種療法）と言えるかもしれない。このことは、医学の世界では古くから知られており、科学的にも認められている。そして今、その応用分野として期待されているのが農業分野である。このような特殊な堆肥の製造は、**図4**や**図5**に見ることができる。

腐植に含まれる形成力は、植物の生育に物質形成と質量生成の効果を発揮する。一方、砂が与える光と熱の効果は植物を精密に形づくり、花や果実に輝く色合いを生み出し、香りと味を与え、最終的にある種の植物には特別な栄養価を、他の植物には治癒力を与えている。この事実は、すでに次のような例で証明されている。湿地帯でよく見られるように、腐植の効果が優勢な地域では、重い腐植と石灰に富んだ土壌の湿り気と高い地下水位に支えられ、異常に青々とした植物の成長、すなわち緑の大量生産が常に観察されるが、植物体には特別な香りの力はない。一方、高地で光と暖かさの影響を受ける珪酸質土壌の植物は、植物体の発達はかなり小さいが、かなり強い香り、相当高い栄養価、そして花や果実の輝きと色の安定性が高く、とくに耐久性があることがわかる。この腐葉土と砂の効果の両極を埋めるのが三つめのロームである。ロームでは、腐植の性質と珪酸の力が織り込まれており、ローム堆肥という形で単独土壌に使用すると、とくにバランスが良いことがわかる（**図5**）。

土壌の腐植力は肥料の補助によってとくに活性化される。純粋な牛

図５　芝土堆肥

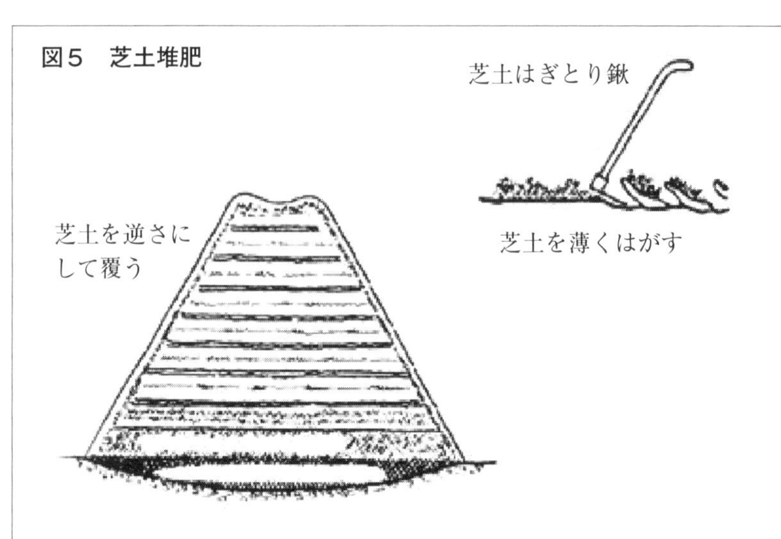

○芝土が上下で逆に向いている。芝土の間には生石灰を、土の側面の間には厩肥を薄く敷く。
○水分補給は１日おきに肥料水を与える。
○切返しは５、６カ月に１回。
○使用可能時は１～２年後。

粘土質の堆肥

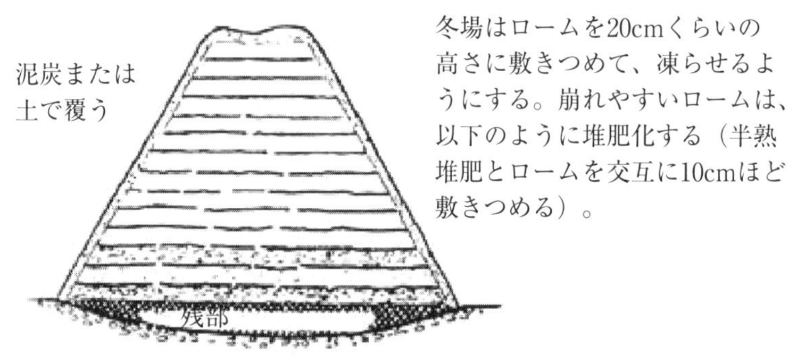

水分補給は８日に１回、液肥または牛糞を溶かした肥料水を交互に与える。

糞（デメーテル調製500）をていねいに堆肥化することで、すでにある腐植力がさらに強くなる。この調製された牛糞は、雨水を温めて注意深くかき混ぜて溶かせばごく少量で十分である。しかし、このように土壌の腐植力を特別に刺激することで、植物に特別の熱と光を与えることができるため、作物栽培にはさらなる工夫が必要である。これは、岩石結晶を細かく砕いたもの（デメーテル調製501）を、雨水を温めて混ぜた液体を噴霧することでよい。この液体を植物の葉に散布する。このスプレーを使用した後では植物の緑がより鮮やかに変化するのには驚かされる。このスプレーで植物の葉のクロロフィル活性が刺激されるのである。何百回もの実用比較試験で、その有効性が証明されている。

バイオダイナミック農法に移行する過程で、隣で育つ人工肥料を与えた植物を見る機会も少なくない。バイオダイナミック農法で栽培された植物は、一般的に人工肥料で栽培された植物に比べると、若芽の初期段階や葉の広がりが遅れがちである。そのために、この観察だけでバイオダイナミック農法の施肥方法が否定されることが少なくない。

しかし、土壌から植物を取り出してよく観察してみると、バイオダイナミック農法で施肥された植物は、発育の初期にその成長エネルギーのすべてを、より優れて大きな植物への生長に捧げているようにみえる。というのは、人工肥料を与えた植物よりも根張りが良いのである。この根系の助けを借りて、若芽や葉の発育の最初の遅れをすぐに取り戻すことができ、速やかに成熟して高品質になるのである。

このことから、バイオダイナミック農法による施肥は土壌の力を借りたものであり、一方で、人工肥料は主に水を通して作用することがわかる。

育種、種子の生産と処理、そしてとくに木本植物の植栽において、発芽への注意は今後も広い範囲で重要視されるだろう。健康、耐性、より大きな発芽力は、今日の種子育種や栽培方法においても求められる特性である。そのため、バイオダイナミック農法による栽培には、オリジナルの種子、あるいはそれ以上にバイオダイナミック農法の原則に従って処理されたデメーテル種子※だけを使用することが推奨される。

※デメーテル（Demeter）は、R・シュタイナーの農業理念にもとづいて1924年に設立された有機農法認証団体である。現在でのドイツ国内の参加有機農業経営は約1,500経営。厳格な検査でドイツ国内ではもっとも評価が高い。ドイツ国内には、現在では、EU有機農業基準やドイツ有機認証に加えて独自の認証基準もつ有機栽培連盟が８団体あるが、デメーテル以外の7団体は、いずれも第二次世界大戦後に誕生している。ちなみに会員約6,000経営の最大組織ビオラント（Bioland）は1971年の設立である。デメーテルは、もともとギリシャ神話に登場する大地と豊穣の女神であって、穀物の栽培を人間に教えた神とされる。ローマ神話の豊穣の女神ケーレス（英語ではセーレス）と同じである。

土壌のバランスをとること、つまり土壌の素材的効率性と活性力を一定に保つことは、たとえば今日の通常の輪作とは多くの点で異なっており、栽培植物の正しい輪作などの一連の対策によって維持することができる。ここでもまた、自然の営みに従うことで、多様な植物が群生する豊かで健康的な生育環境が形成される可能性がある。また、植物が土壌上で共存するうえで、うまく相互に補足し、あるいは干渉したりしていることが観察される。この点での歴史的な貴重な経験が混作につながったのである。しかし、ここでは、そうした混作について詳しく説明することはせず、あくまでも作物栽培に健全な条件を作り出せるバイオダイナミック農法にどのような要素が含まれているかについての簡単な紹介にとどめたい。

正しい施肥、微量添加物による土壌のバランス確保、根菜類、葉菜類、顕花植物が常にリズミカルに配置・栽培される混植による適切な輪作の実施は、そうした自然な農法が期待する効果を得るにはまだ十分とはいえないだろう。すでに述べたような方策によって生み出された生物を閉鎖的循環で働かせることが重要である。しかしこれは冒頭で簡単に触れたように、農場のなかで「受取」と「供与」とのバランスが取れていればこそ可能なのである。しかし、そのためには、健全な経営を構成する各要素が互いに調和した関係にあることが必要である。理想的な農業の存在を構成する要素は、ある程度の森林や樹木やかん木の植林地、他の部分と調和した耕作地、採草地や放牧地、さらに小川に沿った小地面、家畜飼育、またそうした有機体には野生動物も存在して当然である。

最後に農業にとって最も重要な要素は水である。自然の池であるか小川であるか、あるいはそれらがない場合は井戸やポンプ、容器による人工的な水供給システムなどがなくては生命は存在しえない。これらの要素が調和して機能することで、物質と力の閉鎖的循環ができあがり、植物の健全な生育や動物の健全な繁殖に必要な条件が整うのである。もし、その中の要素のひとつだけがあまりに強く働くとしたら、それは今日の農業や園芸の大部分に当てはまるのだが、その組織はある意味ですでにずたずたで不健全な状態になっているというべきである。

一定の経済循環にもとづいて一時的に生産量を増やすことは可能かもしれないが。しかし、それがさらに進むと害虫や菌類が大量に発生し、他の構成要素を犠牲にして過剰に発達したものを破壊することによって復讐されるのである。農業や園芸の現場で雑草や菌類、害虫と呼ばれているものは、自然界では異なる評価を受けている。自然は常

図６　移住農場有機体の建設に関する組織原理

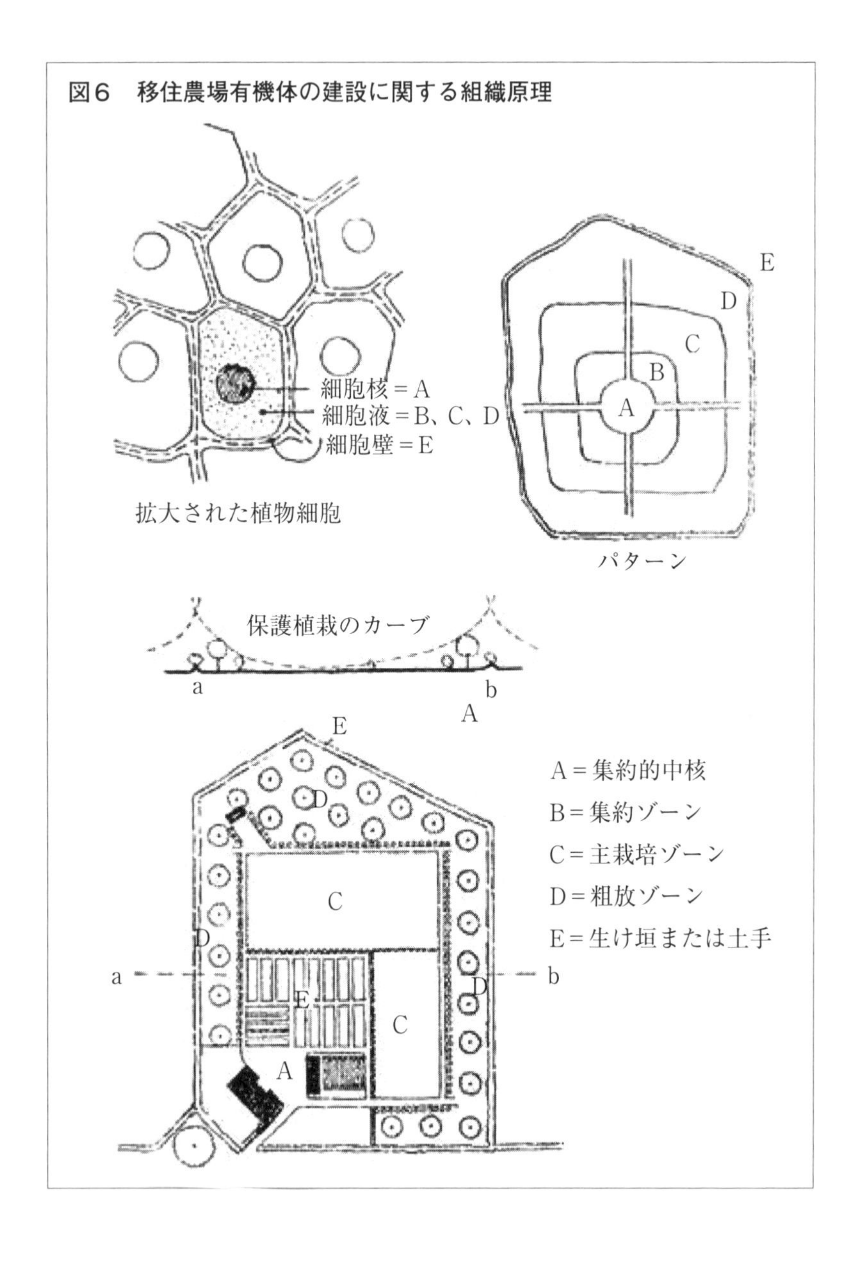

にバランスを取ろうとする。人間は無知ゆえにそのみごとなつながりを無視し、利己主義と思惑から、そうした自然の法則にひどい介入をしてしまうのである。この場合、農薬はいずれも役に立たない。なぜなら、農薬は表面的なダメージを多少なりとも抑えることはできても、病害の原因に肉薄することは決してできないからである。問題なのは、自然界に存在するすべての生物に存在する秩序の原則を終始無視していることにある。

自然界の素晴らしい法則を理解できるようになるには、その微妙な作用のなかで自然を観察することが求められる。たとえば、樹木、かん木、多年草、一年草などの植物群には、小さな昆虫から鳥の世界にいたるまで一定の動物世界が関連しており、物質や力の作用との関係で一定の機能を果たしている。まず、植物界と動物界は密接に共存しており、これを研究することが農業経営そして園芸経営との調和を図るうえで多くの示唆を与えてくれる。こうした相互関係を考慮した設計は、農場での菌類や害虫のまん延に対する安全策にもなる。そうした調和のとれた農場は、その地域特有の気候、立地、土壌条件を十分に生かすことでうまくいくのである。

農業とその発展にとって重要であるとここで簡単に説明したことは、園芸にとってさらに重要である。理想的には園芸はあらゆる面で農業の縮小、集中であり、たいへん洗練されたものである。園芸では農業の場合の森林がわずかな樹木であって、それは農場内樹木や果樹としてわずかに残されているのである。そして耕作地は園芸用の小さな園地、採草地や放牧地は小面積の芝草地、水辺はため池だけである。水の一部は屋根に降った雨水を回収する。大きな家畜の飼育は数頭の牛と１～２頭の馬で、それに少数の豚や家禽の飼育が加わっている。園芸農場が小規模であれば、多くの園芸家が力を合わせて共同で放牧地に牛群を飼い、それで優れた品質の肥料を手に入れることになる。野生動物を園庭で飼うことができるのは、鳥、ハリネズミ、ヒキガエル、モグラといった無害な動物だけである。

農場のバイオダイナミック農法への転換は、まず施肥対策から始まる。バイオダイナミック農法の施肥は、原則として作物に厩肥や堆肥などの有機質肥料を加えることで行われる。つまり、それまでの施肥方法をすぐにすべての耕作地でやめるのではなく、それまでの経営の慣習である有機質肥料の循環のなかで、常に有機質肥料を施しながら徐々に切り替えていくのである。鉱物性肥料の利用は徐々に減らしていくしかない。

現在、人工肥料産業には多くの人が従事しており、経済的にも高く評価されていることはまちがないが、農業や園芸業の経験からすれば、考えられるのはもはやそれが正当化されることはないだろうということである。

人工肥料の使用には経済的緊急性はあるものの、長い目で見れば被害が大きく、製品価格も問題であるためにあまり意味がなく、一般的に減少傾向にある。生物学的対策とそれにともなう家畜飼育の増加によって、すでに多くの分野で人工肥料の使用はかなり減少している。そのため、人工肥料産業は生産を今後ますます減らし、投入するエネルギーを他の営業分野にシフトしていかなければならないだろう。

かくして、速やかなバイオダイナミック農法への転換が可能であって、人工肥料の調達に充てられた資金で、厩肥、角・骨粉に加えて有機質肥料を調達することで、耕作地をバイオダイナミック農法に移行し、良好な結果を得ることができる。

これと関わって、無機肥料である人工肥料はいわゆる「商業肥料」のなかでは一定のグループを占めるにすぎないのであって、角・血粉・骨粉、厩肥などの有機質肥料もすべて「商業肥料」であることを指摘しておくべきであろう。

バイオダイナミック農法を適用することで、実際に十分な収益が得られるかどうかが重要なポイントになる。その収益性は農場建設が計画的に行われ、得られた経験にしっかり基礎をおいているならば確実であろう。また手順にまちがいがなければ、他の農法に比べて作業量はかなり少なく、コストも低く抑えられることに気づくであろう。人工肥料の使用は完全に排除される。ほぼ100％の製品が市場に出荷され、それが本物の品質であることから、少なくとも最高価格がつくであろう。バイオダイナミック農法では、飼料購入や機械の修理・メンテナンスはほとんど負担にならない。作物栽培により多様性をもたせ、よりバランスの取れた家畜飼育をおこなうとともに、より恵まれた販売条件が得られる。また、農薬への支出や獣医に払うコストを節約することで、農業経営につきものの周期的な変動をなくし、落ち着いた経営を可能にするのである。

移住就農者の農場の技術的な構造

現在と過去の動きをざっと概観すると、何千人もの熱心な移住就農希望者やそれを実行した人たちは、それまでの農業や園芸のやり方で移住就農して新しい土地の開墾をやってもほとんどうまくいかないことがわかっている。農業と園芸が、ほとんど麻痺している工業との間に存在している束縛から解放されるためには、自ら新しい可能性をみつけなければならない。そして、自分の強みがどこにあるかの認識はいたるところで顕著にみられるのである。

農業や園芸が失敗してきたなかにあって、すでに多くの農業者や園芸家が失敗のなかから、バイオダイナミック農法のやり方で事業の健全性をみつけだす動きが非常に勢いよく芽生えている。それは比較的短期間のうちに、経営不振に陥った農業経営や園芸経営に救いの手を差し伸べたのであって、それが荒廃地や放棄地を開墾する場合にとくに有効であることがわかったのである。バイオダイナミック農法から全く新しい農業が生まれ、経営面でも回復できることが経験的に示されている。これはなによりも現在達成されている大量生産のレベルを維持することはもちろん、本物の品質を示すことで、外国産の野菜や果実の輸入に対する最善の防御策とすることができる。

移住就農者はその土地の新しい耕作者として、耕作不良の土地、放棄地、完全に不毛の土地など、そのような土地に存在する不自然な状態をどこでもバイオダイナミック農によって短期間に変えることができる。

移住就農者が利用できるわずかな資金は、仮設住宅の取得にだけ使用すべきである（仮設住宅については、図11、図12を参照）。移住就農者は作物栽培に絶対に必要な設備を調達できるだけの資金を確保するためにあらゆる努力が求められる。これは、すでに概要で述べたように、次のようなものである。

ａ）厩肥の購入、

ｂ）作物を保護するための施設の設置、

ｃ）完熟堆肥の調達、

ｄ）温床フレーム（オランダ式）の購入、

ｅ）自家種子またはデメーテル種子の購入

ｆ）家畜の購入

家畜は、十分な飼料基盤ができた時点で取得することになる。そのための努力は、移住農場の建設当初から払われている。

主として手労働に依存する経営では——農外からの移住就農者は他

の選択肢をほとんど持っていない――比較的小面積の土地でしか栽培を始めることができない。

これまでの移住就農事業では、一枚の土地をうまく一定の大きさに区切ってできるだけ均等に分割するように処理されてきた。湿潤な酸性の草地であろうと、ヒースに覆われた砂地であろうと、あるいは貧弱で荒れた草地であろうと、就農してそれを犂起こし、耕作を始めたのである。そして、「専門家」は通常、そのような未利用の土壌には肥沃な性質があり、石灰をたくさん散布して開墾すべきだと助言してきた。そのために施肥は、とりわけ有機質肥料を中心とした施肥は当分必要ないとして、まずはジャガイモや豆類を植えることが推奨された。どちらの作物もそれまで手つかずの土地でも比較的よく育つとされており、掘り起こし土寄せすれば土壌は早く熟成すると。

しかし、そうした耕作方法にはどのような効果があっただろうか。――たいていの場合、ジャガイモや豆類の最初の収穫は非常に悪く、とくにジャガイモの場合はそうであった。コメツキムシの幼虫が幼苗に与える影響は深刻で、それを免れた苗でも収穫時には貧弱な芋しかできず、それもかさぶただらけになることがすぐにわかった。はっきりしているのは、100人の入植者のうち99人はより良い栽培方法を指導されずに、こうした経験をしなければならなかったということである。

では、最悪の土地にも何らかの形で植物の傷跡があることは何を意味するのか。犁返しで取り込まれたのか。われわれは、土壌が生命体であり、その生きた構造のなかで信じがたいほど微細に組織化されていることを知るにいたっている。それは、鉱物、腐植成分、そして最小、最良の動植物世界が見事に織り成すものであり、ある形では植物世界から動物世界への移行が見られ、最終的にはきわめて多様な最小

図11　移住農場の仮設住宅（農場建設期の住宅）

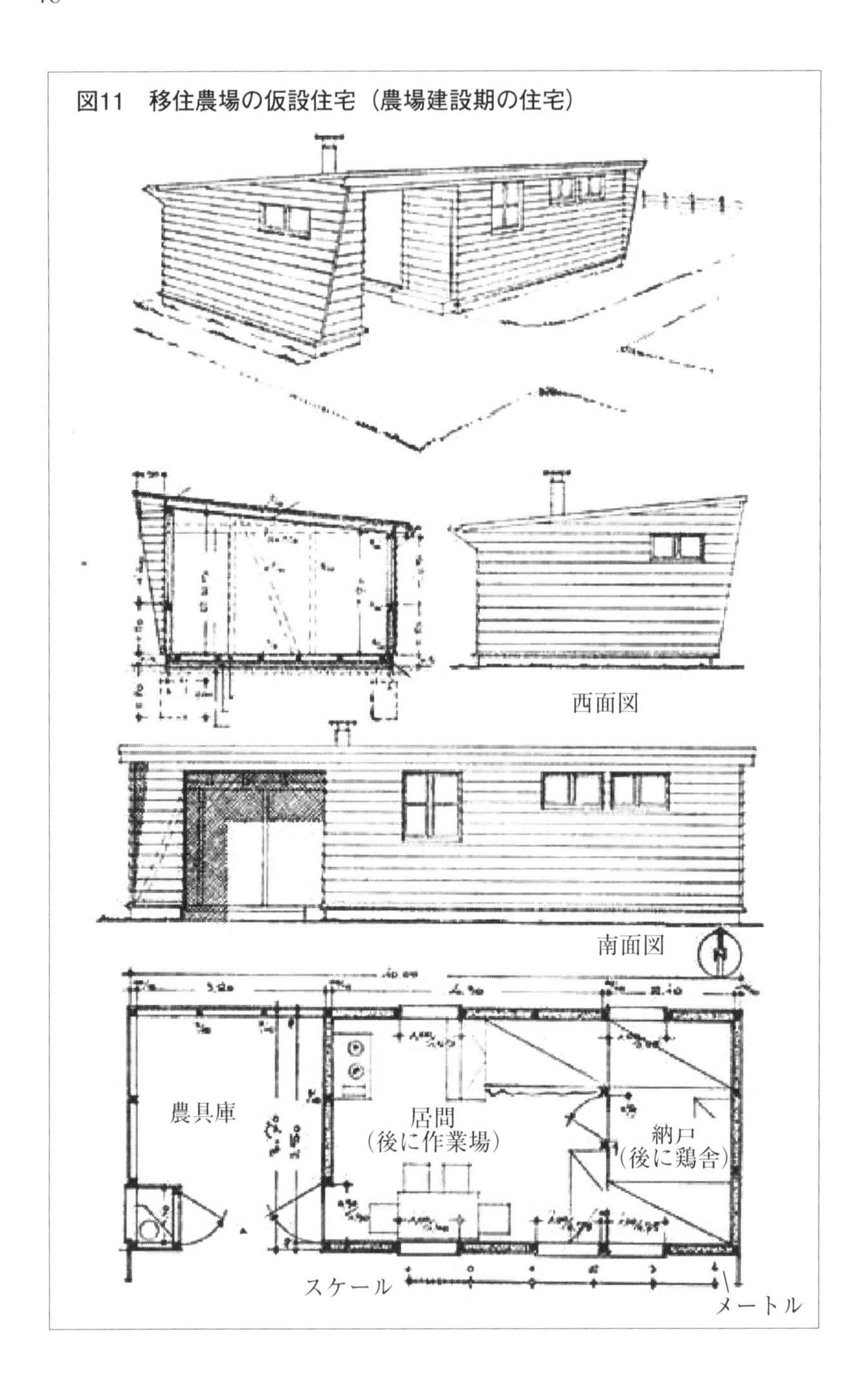

図12 移住農場の仮設住宅（農場建設期の住宅）（後に畜舎）

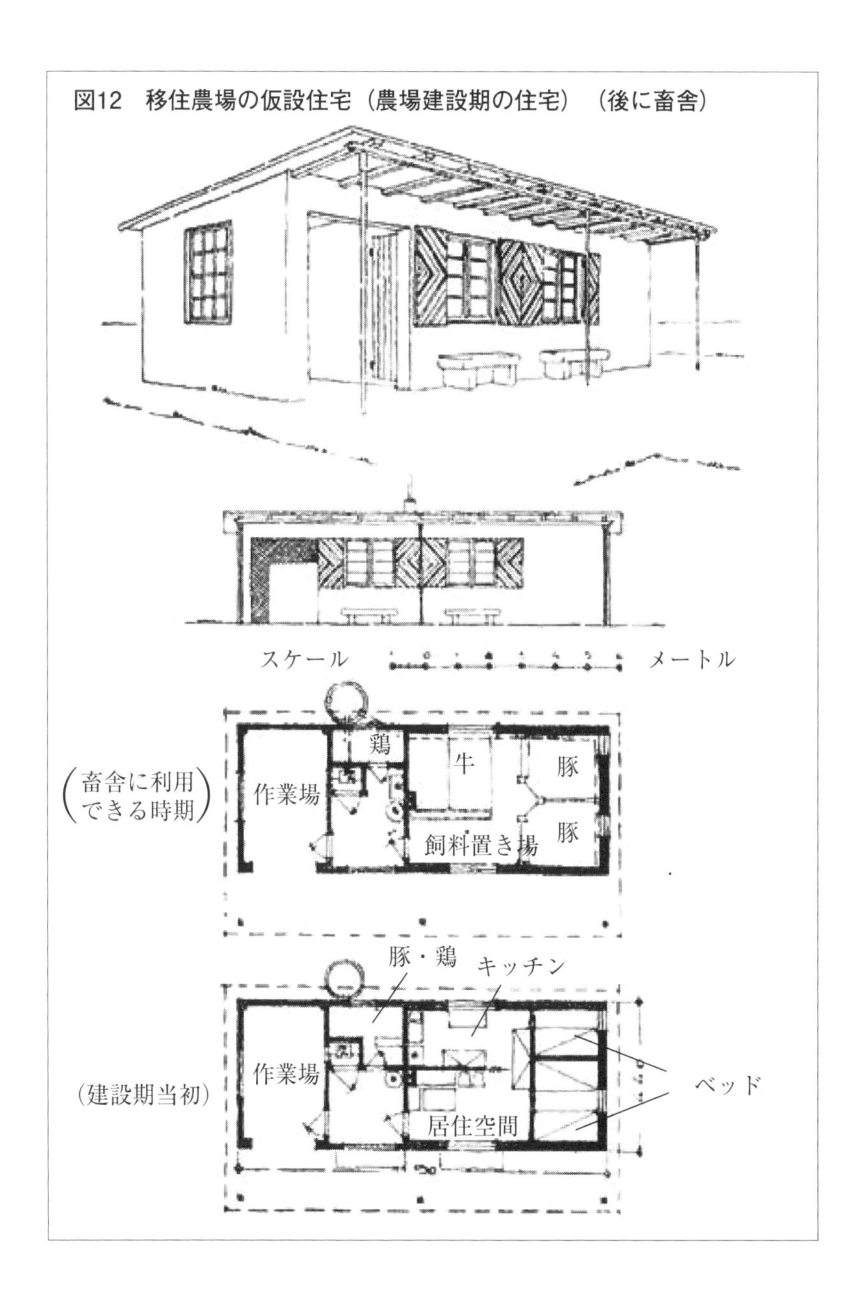

の動物種からミミズまでの、信じがたいほど豊富なスケールの存在が含まれている。痩せた土地では、この生きた土壌は植物のすぐ下のごく薄い層にしか存在せず、その下にはそうした生命体はほとんど含まれていない。耕耘はこの薄い生命層をわずかな植物くずといっしょに、さらに活力のないところに押し込んでしまう。その結果、最初はこの薄い土壌の層が活力を失うのだが、耕耘は通常、土壌に通気性を良くする。そうなると、すぐに一定の方向で新しい活力が生まれるのであって、それがもたらすのは、本質的には異物である植物くずを土壌らしくすることにあるはずだ。活性化された土壌は、多かれ少なかれ、有機的な異物として取り込んだものすべてを土壌らしくする力をもっている。ある意味で、このプロセスは前消化と呼ぶことができる。

とくに未熟の肥料のような大量の有機物や、植物の生命活動から直接に発生する物質、たとえば、緑肥や新しい土地の開墾でできた植物くずに由来する緑の塊などがあると、土壌はこの前消化を自力では行えないことがよくある。こうした場合には、土壌は自然の法則から急に補助的な力を与えられ、それが土壌を動かしてこれらの有機質原料を土壌らしくすることが明らかになる。この補助力をよく調べてみると、それはある種の発達段階にある存在で、栽培植物の菌類や害虫としてすでに知られているものであることがわかる。このような土壌では、ハリガネムシは非常に特殊な程度で害虫として発生する。それが１年だけならまだしも、４年とか５年も、混ぜられた植物くずが土壌になるまで残ってしまうのだ。このように、人間が無知であるがゆえに犯した過失を、自然はその活力を発揮して繰り返し埋め合わせようとするのである。ハリガネムシとの闘いでは、通常、土壌にたっぷりと石灰を施すことである。ところが石灰を施した土壌のジャガイモは、ほぼかさぶたになることはよく知られている。石灰は、わずかでも回復した土壌生命力をその吸収力によって消滅させてしまうからである。

農業における石灰の目的は土壌を中和すること、すなわち形成された酸を除去することにある。しかし、石灰で酸性化過程そのものの原因を突き止めることはできない。問題は土の肥やし方が悪かったり、成分が偏ったりしていたことにある。これは、土壌への施肥方法が悪かったり、肥料の組成が偏っているためで、それは、たとえば地下水位が高すぎたり、土壌が固すぎたりするなどによっている。バイオダイナミック農法では、生石灰は堆肥をつくる際にだけ使用される。

石灰は、そこで植物体の山のなかの燃焼につながるような過剰な活力を、その吸着力で抑え、腐敗や分解を穏やかに進行させるという役割を担っている。移住就農者はしたがって、生石灰をこのような形でしか使用すべきでない。

新しい土地を開墾する際の正しい手順はどうか。――まず第一に、移住就農者は提供された土地を蒸気犂またはその他何らかの犂で耕してもらうなどしてはならず、基本的な耕作を自ら行わなければならない。それは、いっきょに土地全部の耕作を始めようとはせず、部分的に開墾するという点にある。その地片は、その家族が１年間の生鮮野菜の自給を確保するだけの広さにとどめなければならない。仮設住宅となる土地を選び、その後に本来の住宅と農舎を建てることになる。この土地は最初から集約栽培ゾーンに設定される。

ただし、その前提として、建設作業に入る前に、実際に専門知識があってバイオダイナミック農法に精通している人が作成し、よく練られた組立・配置図が用意されていなければならない（**図6、付録図16～19**を参照）。そうした計画は、移住就農者の世界ではこれまでまだほとんど知られていない。この計画によれば、就農者は自分のすべての活動の裏づけを持って、それを次々と体系的に実行していくことになる。もちろん、その計画は何カ月も前から検討されたものであって、観察、研究、長い考察の結果にもとづいている。

移住就農者は、自分の土地にいわゆる集約栽培ゾーンの段取りをつけると、この植物で覆われた土地を鍬の幅ごとに、草取り鍬で非常に薄くはぎとる（**図7**を参照）。この小さな薄く草の根ごとはぎ取ったものは厚さが３～４cm以内とし、すでに用意されている堆肥置き場に慎重に積み重ねる（**図3**を参照）。さてこの集約栽培ゾーンから植物がはぎ取られるとすぐに、むしろを立て，後には生け垣をつくって耕作地をつくる。就農者は通常、集約栽培ゾーンを保護するための植物材料を同時に調達できるわけではない。その場合、まず別の手段で空間を形成する必要がある。これには葦すだれ（**図8**を参照）を使える。この葦すだれフェンスは、集約栽培ゾーンの周囲に安定して組み立てられる。この葦すだれは、それほどしっかり締められてはいないので、風に対してそれほど抵抗力があるわけではなく、比較的短時間で破損してしまう。また、葦すだれフェンスに風が当たると、強い風の場合、フェンスに当たると風で吹き込んでしまう。フェンスが緩く編まれておれば強風を和らげるので、栽培している植物にダメージを与えることはない。このような防護壁は、葦すだれフェンスと同じように柴を編んで作ることもできるが、柴はあまりきつく編んではいけない。この場合も、間に十分なスペースを確保する必要がある。この場合も、60～100cmの高さに土を盛ることで、一定の防御ができる。また、土で盛った堆肥の山も、最初は集約栽培ゾーンに沿う長い保護壁にすることができる。

集約栽培ゾーンを囲い込んだうえで、ていねいに土作りをする。軽い土壌の場合、最初の耕耘はカルチベーターによる。カルチベーターのツメが届くまで土に入れ、掘り起こして土をほぐす。できるかぎり

図7 芝土堆肥

芝生を約3cmの厚さではがす。

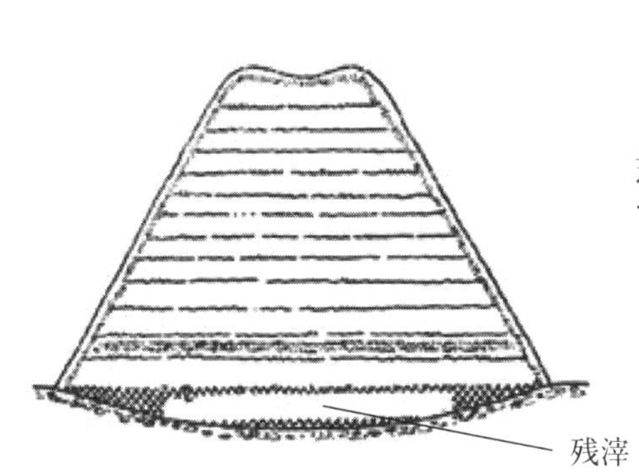

○芝土を何重にも互いに向き合わせ、芝の間に石灰の粉末状の微小な層を設ける。
○使用可能時期は1年後。

マメ科植物堆肥

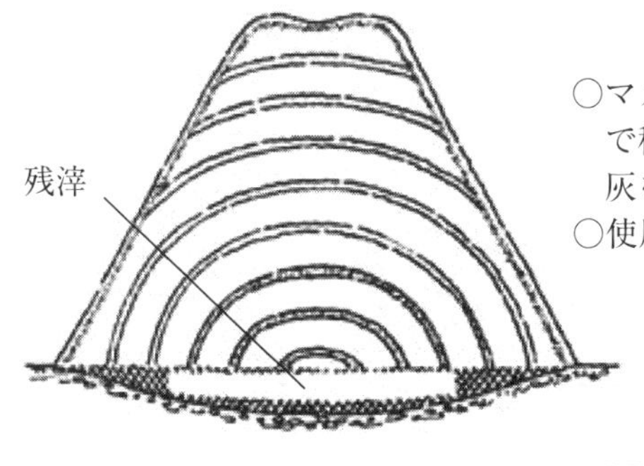

○マメ科植物を5cmの厚さで積み上げる。間に生石灰をはさむ。
○使用開始は1年後。

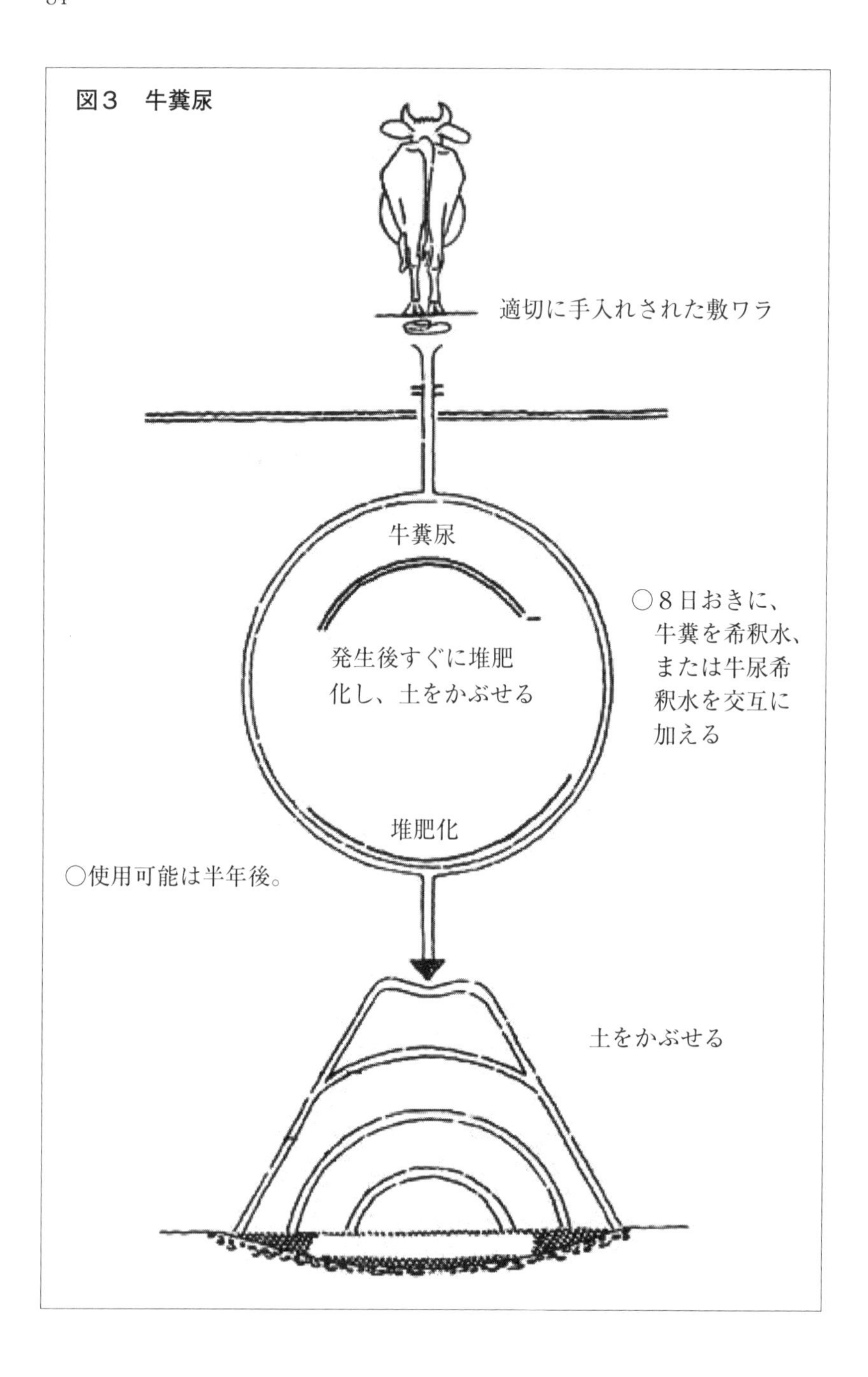
適切に手入れされた敷ワラ
牛糞尿
発生後すぐに堆肥化し、土をかぶせる
○8日おきに、牛糞を希釈水、または牛尿希釈水を交互に加える
堆肥化
○使用可能は半年後。
土をかぶせる

図3　牛糞尿

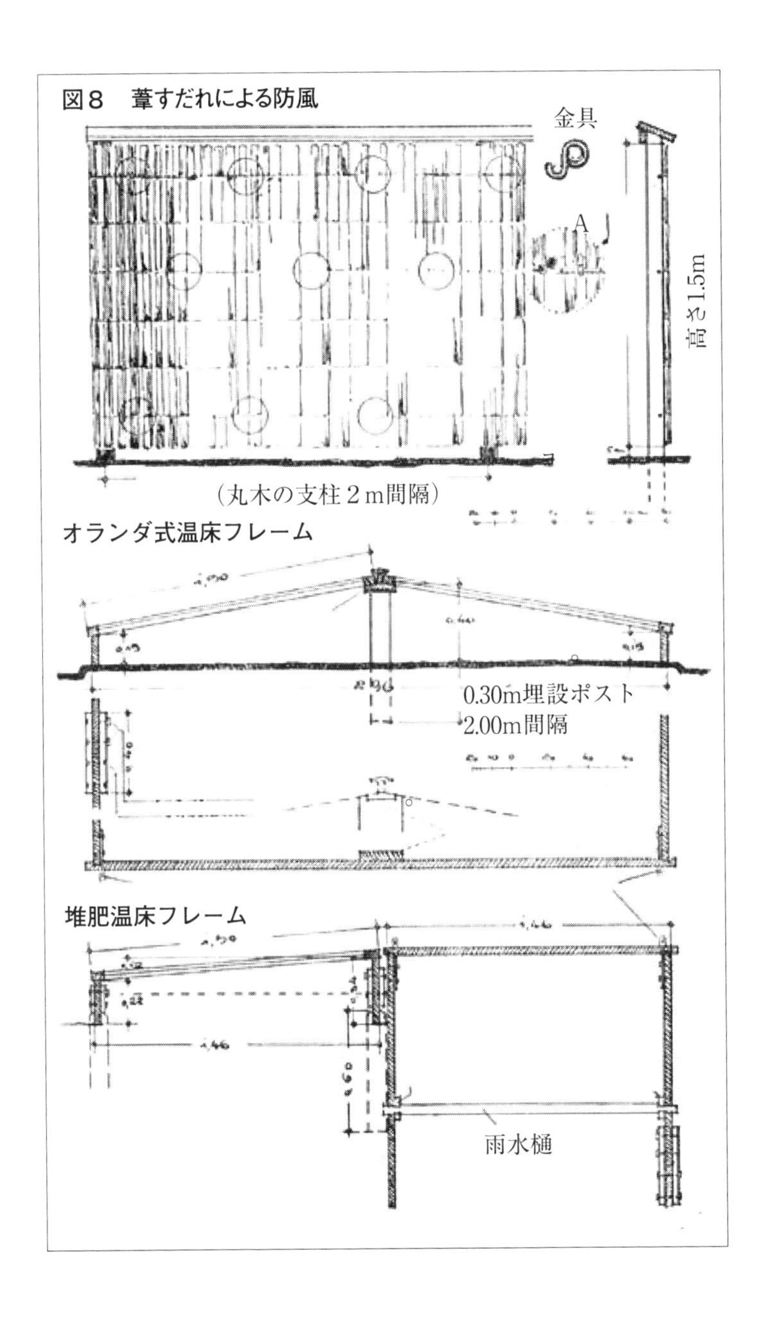
図８ 葦すだれによる防風
金具
A
高さ1.5m
（丸木の支柱２ｍ間隔）
オランダ式温床フレーム
0.30m埋設ポスト
2.00m間隔
堆肥温床フレーム
雨水樋

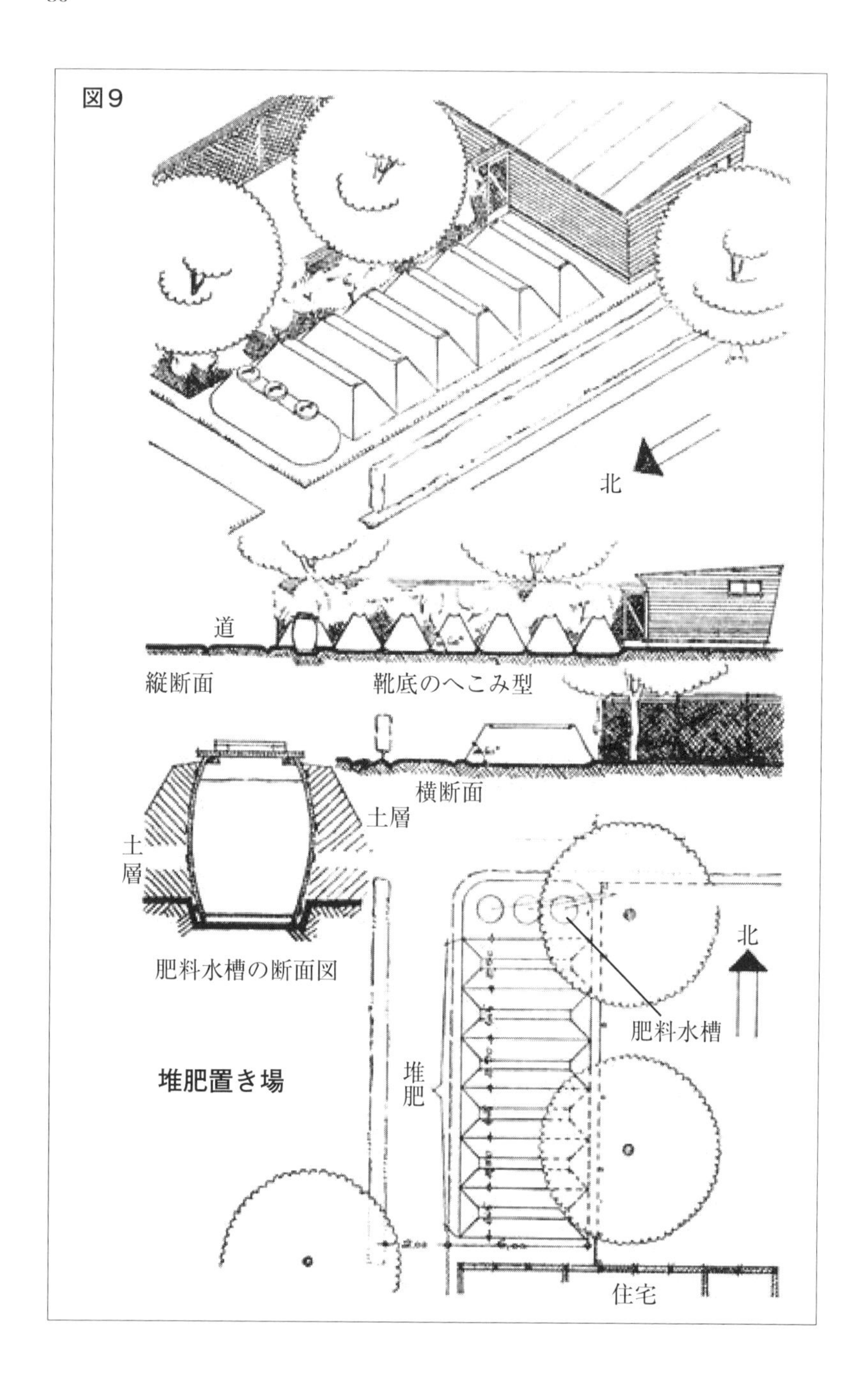
図9
北
道
縦断面
靴底のへこみ型
土層
横断面
土層
肥料水槽の断面図
北
肥料水槽
堆肥置き場
堆肥
住宅

播種直前までそのままにしておく。そうすることで、土壌の通気性を長く保つことで良い状態にできる。作物によっては、播種前に完全に腐敗・分解した状態の厩肥や堆肥を散布する。それは当初予定していた肥料の半分程度の施肥になる。そのようにていねいに撒かれた肥料は、レーキ（馬鍬）で土壌表面に細かく行き渡るようにされる。残りの半分の厩肥や堆肥は、すでに植付けが行われた場合や、露地に播種されて幼苗に成長し始めている場合に、一種の土壌被覆材として施肥される（**図13**を参照）。

重い土壌の場合には、施肥用レーキの使用はかなり難しくなる。この場合、施肥用レーキの形をしたやや重めの道具を使って作業するとよい。重い土壌でレーキを使うときは、軽い土壌の場合よりも掘起し幅を狭めて、帯状の土壌を反転させる。土壌が強粘性の場合にだけ犂起こしを勧めたい。

この集約栽培ゾーンは、すでに述べたように、後に建設される住宅、厩舎、納屋からなる農場の中核部の側に位置している。この中核部の周囲には、とくに集中的に農作業をおこなう施設が配置されることになっている。上記の建物の北側には、可能であれば堆肥置き場が配置されるのが望ましい。堆肥は、常に管理が必要であるからである（**図9**を参照）。就農者は堆肥の手入れと正しい管理で、実りある仕事のすべてを手に入れることができる。堆肥置き場は風を避け、少し日陰のある場所、すなわち納屋の陰、近くに植えてある木の陰、葦すだれフェンスや屋根覆いなどで日陰になるようにする必要がある。堆肥置き場が行き来の邪魔にならない生け垣で囲まれていればとくによい。その他に、建物の近くに屋根の雨水を溜められる水槽を設置すること。注意深く配置された水槽の水は、太陽で温められて活性化した水だけが、若い植物を正しく育て、温床フレームの作物すべてにうまく給水

図10　水盤（コンクリート）

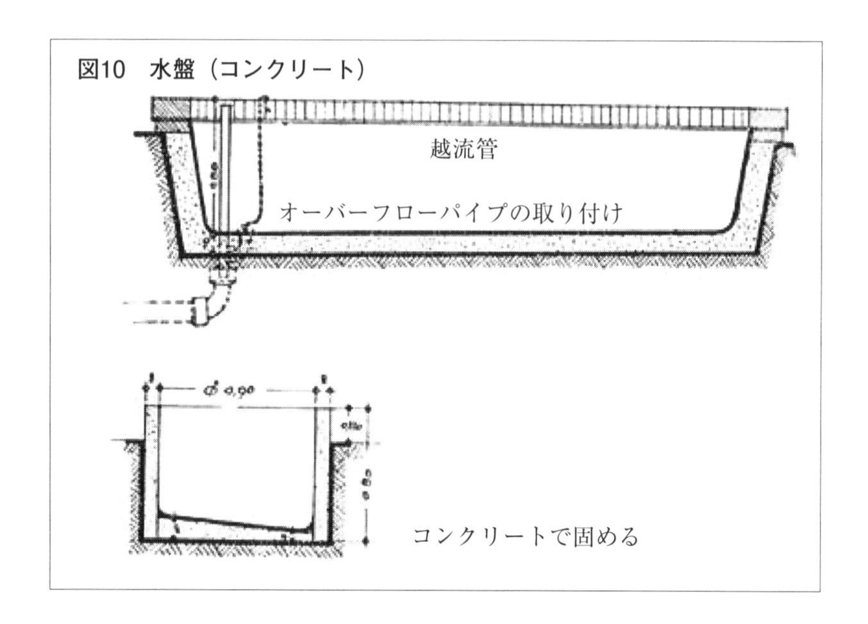

できる。水槽はできるだけ大きく、ただし浅いものがよい（**図10**を参照）。

堆肥置き場と水槽があるため、温床フレームは農場の中核部のすぐ近くに設置される必要がある。温床フレームは早期栽培の野菜をまず手掛けるために、特別な注意が必要である。

馬糞や羊毛くずで一部暖められた温床に直接隣接して、温室ゾーンがある。後の説明で明らかになるように、このことは就農者にとって経済的に特別に重要である。

移住農場の規模によっては、温床フレームの隣に小さな育成用ハウスが必要な場合もある。寒い冬には、特定の作物を温床フレームだけでまともに発芽させ育てることは困難であって、育成ハウスならそれができるのである。そうした育成ハウスはコスト面から単独の移住就農者にはむずかしいが、複数の就農者が、とくに優秀な就農者を介し

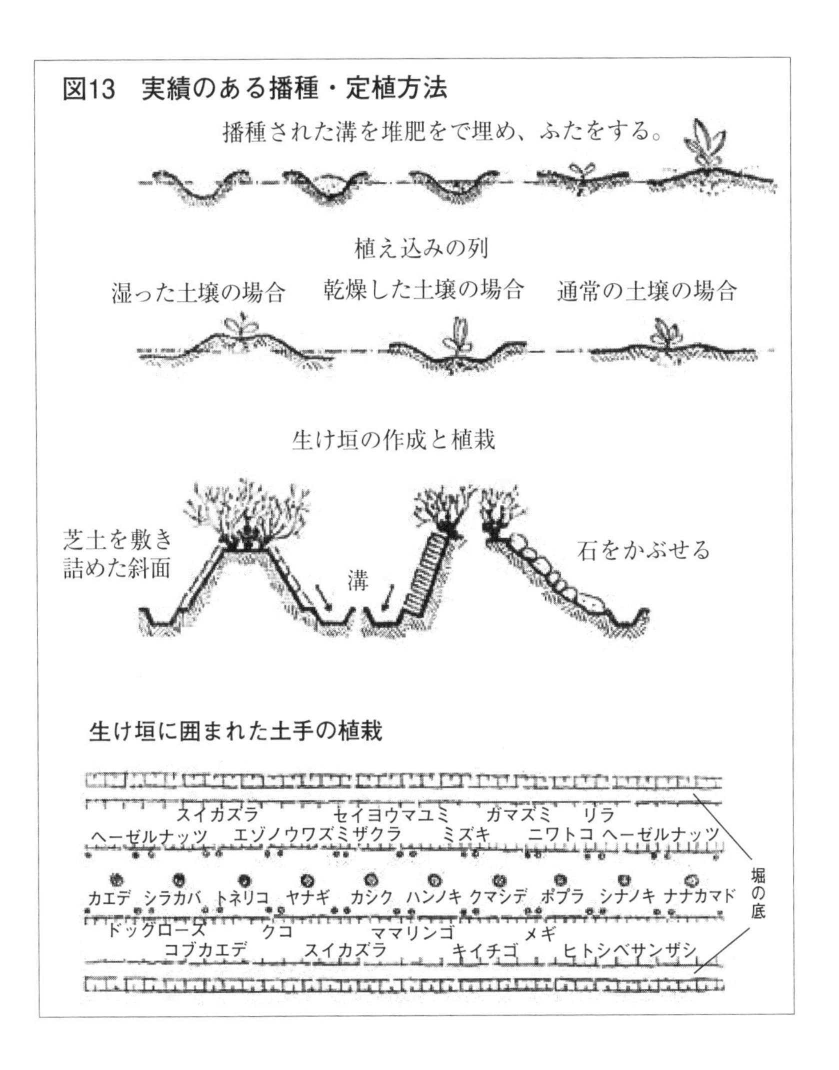

図13 実績のある播種・定植方法

て共同で育成ハウスを維持する場合には必要な材料が提供されてよい。

鶏舎は常に建物、すなわち畜舎や納屋に隣接している必要がある。温床や温室での栽培作業の邪魔にならないように配置することが望ましい。

まともな移住就農者は今日ほとんどどこでもそうであるように、最初に住宅を建てるのではなく、まず納屋を建てて、しばらくはそれを非常用の住居とするであろう。住宅を建てるのは、現在は栽培農地として使われている土地である。納屋は農場の開発全体が計画どおりに進み、後で大きな配置換えが必要ないように設置すること。納屋には温室フレームのガラスや、農機具、すだれ、マットなどを置く場所、さらにそれらを整備し、新芽の鉢植え、お茶用のハーブの乾燥、香辛料など、さまざまな作業を行うための十分なスペースが必要である。これらのことは納屋の建築に際して考慮しなければならないことであって、その後も欠かせないことである。住居用小屋（仮設住宅）は、就農者が自分で建てることができるように、できるだけシンプルであるべきだ。この目的のためには、外側に板張りを施した単屋根の小屋（**図11**、**図12**を参照）が最適であるが、レンガ造りで堅固な小屋でもほとんど同じコストで建てられる。

これらの施設とは別に、集約栽培ゾーンは、建設中の農場のなかでもとりわけ保護された栽培農地から成っている。これらの栽培農地では、いわゆる高級野菜や早期栽培野菜、すなわち秋には特別の収益をもたらすことができるような比較的早く成長する野菜が栽培される。しかし、さしあたり就農者はこうした早くて立派な野菜を販売しようと考えることはできないのであって、農場の建設期間中は、常にこの集約栽培ゾーンをフルに活用して、食料自給をしっかり確保する必要がある。農場の新しい農地で通常の収穫を得るには、温室をさらなる成長因子として利用するしかない。

移住就農者は、建設初年度に食料自給に必要な野菜や果実を栽培できるような集約栽培ゾーンを確保するのに成功すると、割り当てられた区画の耕地を引き続き開墾する。集約栽培ゾーンに続いて、主耕作ゾーンを計画的に整備していく。ここでも就農者は、この主耕作ゾーンを外部から保護するために、おそらく土壁や、すでに述べたような仮設の保護壁を作ることになる。

こうして新しい空間ができると、彼は芝土を掘り取って堆肥置き場にもっていき、材料をまとめて堆肥山をつくり始めるのである。そして、今度はカルチベーターを使って、土地の表面をほぼそのままにほぐしていく。こうしてほぐした土地には、貴重な厩肥を与えず、マメ科作物を育てていく。マメ科作物は厩肥を必要としないが、窒素を固定できるので土壌の肥力を高めてリフレッシュさせるという、就農者にはたいへん重要な性質を持っている（マメ科作物は古くから緑肥として知られている）。マメ科作物は地下では根粒菌による窒素固定で１回、地上では緑色物質で１回と、合計２回の収穫をもたらす。この緑色物質は飼料として非常に価値があるとともに、痩せた土壌では驚異的な腐植の濃縮をもたらす。ただし、この緑色物質は今までのように犁込むのではなく、刈り取って堆肥として利用する。刈り取られたマメ科作物の緑色物質の堆肥化は、芝土のそれの説明で詳しく述べたものと同様である（**図7**を参照）。

マメ科作物は、同じ土地で年内に２回目の栽培も可能である。２回目の栽培は、刈り取らずにそのままにしておき、冬には凍らせる。これにより、土壌の状態が非常によくなり、土壌生物にとって異物である緑色物質が土壌に持ち込まれることによる土壌の損傷を防ぐことができる。そうした被害には、植物の成長が早すぎたり、土壌が緩みすぎたりすることによるうどん粉病やサビ病、線虫など、菌類や病害虫の発生が助長されることなどがある。

より軽い土壌には以下のようなマメ科作物が適している。まずルピナスである。ルピナスはたいへん痩せた砂壌土でも比較的大きな緑色物質を形成するので、土壌を最適状態にし、栽培を始めることができる作物である。しかし、現在市販されているルピナスは苦みのある品種なので飼料用には適さない。ルピナスのなかで、砂地に最も適しているのはキバナルピナスである。就農者は、早春にルピナスを播種し、それが発芽してある程度成長してから、その間に２種類目のマメ科、たとえば同じく貧弱な砂壌土に適したセラデーラ〔飼料になるマメ科植物〕を播種するというような使い方をしなければならない。ルピナスは花が咲くまで成長した後に刈り取られ、その緑色物質は優れた堆肥を作るために使われる。これで、ルピナスの間に播種されたセラデーラは、空気と光と空間を手に入れて急速に成長することができるようになる。セラデーラは、家畜の飼料として最適である。まだ牛がいない場合は、そのままにしておけば、霜で崩されて、優れた腐植を準備することができる。ナヨクサフジ（ヘアリーベッチ）やカラスノエンドウも砂壌土に適している。これも主に秋に播種して飼料として利用したり、再び凍らせて前述の腐植をつくることができる。

重い土壌の新開墾地をしっかり準備するのにもマメ科が役に立つ。とくにソラマメ類はこの目的に適している。また、エンドウもかなり有効である。また、ソラマメがある程度生育したところでエンドウを播種すれば、エンドウはソラマメ収穫後によく生育して良い飼料になるとともに、土地に残して冬に凍らせ、腐植を得ることもできる。

こうして、主栽培ゾーンはマメ科作物でしっかり準備される。翌年には、これらの栽培地には完熟した芝草堆肥を利用できるので、多種類の作物を栽培できる。しかし、貴重な堆肥は控えめに使うべきである。そこで、鍬で畝間に溝をつくり、この溝に播種し、その上に堆肥を撒いてよく押さえるのである（**図13**を参照）。

主栽培ゾーンで通常の栽培ができるようになったところで、第三の耕地、いわゆる粗放栽培ゾーンが開墾の対象となる。このゾーンも外部から保護されなければならず、それは集約栽培ゾーンや主栽培ゾーンと同じ方法による。主栽培ゾーンが当初、飼料栽培にも使用されていたのだが、粗放栽培ゾーンが完成すれば、飼料栽培がこのゾーンの主作物になるだろう。

粗放栽培ゾーンの開墾が終われば、農場の建設プランに従って、生け垣やかん木・樹木を植えていくことになる。木本類はすべて集約栽培ゾーンに植えられる。そしてフサスグリ、グーズベリー、ラズベリー、ブラックベリーなどの生け垣やかん木帯が個々のゾーンを区切る。主栽培ゾーンが開墾されると、就農者は生け垣用の約３年生の若い植物材料を森の苗木仕立て場から調達し、春に一度移植しなければならない。この安価でよく根づいた苗木をもう一度養成して、翌年の春によく手入れされた生け垣として植えつける。生け垣は保護壁の後ろに植えられ、風から保護され、とくに土壌がよく準備されておれば、うまく成長できる（**図13**を参照）。

重要であるのは、植えつけ後に十分に潅水し、完熟厩肥を入れ、その上にジャガイモくずや落ち葉堆肥、森の下草などで再度覆う。植えつけ前に木本類への特別な施肥は必要ない。植えつけは常に春に行うのがベストである。植えつけ後、しっかり剪定し、剪定枝の下から芽が出て、下から上に密に発達するようにしなければならない。

ベリー類の植えつけの手順は生け垣と全く同じである。生け垣の植え込み溝や低木の植え込み溝は秋につくるのがよい。溝やくぼみは苗が根を張る以上には深くしない。この植え込み溝やくぼみは冬になるとしっかり凍るので、土壌を柔らかくする。また秋には、十分に熟成させた堆肥を溝やくぼみ、掘り起こした土の上にていねいにむらなく敷きつめ、４～６週間後に軽くかき混ぜる――窪みひとつにつきシャベル１～２杯の堆肥だけ。生け垣やかん木、樹木を植えるための植栽溝の準備と施肥はこれですべてである。

植樹は春におこなう。苗木の入手に際しては、樹勢がよく、成長が早すぎず、病害虫やカビが全く発生していないこと、さらに根が発達していることに細心の注意を払う必要がある。秋に苗木を掘り出すのではなく、春、つまり植栽時の直前にもってくるようにする。就農者は苗床で十分に観察したうえで、自分で選ぶべきである。植える樹木の大半は地元の品種を使えばまちがいがない。植樹する地域でどの品種が最も優れているか、地元の農業会議所に問い合わせることを勧める。

果樹は高木では少なくとも12m、かん木果樹は６～７mの間隔で植える。高木果樹はかん木果樹よりも収穫には時間がかかるが、高木果樹を優先させる。高木果樹の下にいろんな作物を栽培できるからである。とくに住宅の庭先の園地をうまく徹底して活用することが重要である。ただし、家族の食料自給に必要な範囲で、かん木果樹を庭先園地に植えることがあってもよい。

経営効率の達成には、ここに述べたような秩序があらゆる生物に浸透していなければならないが、現実にはいずれの移住農場でも計画性が欠けているのが普通である。就農者は、たくさん植えればたくさん収穫できると考えるのがほとんどだが、しばらくするとまったく逆のことが起こる。果樹やベリー類の調達に多大な努力をしたうえに、密植してしまうと収穫面での土地管理が大失敗であったことがすぐにわかる。それだけでなく、あらゆる種類の菌類や害虫がひどく発生し、それは高価な防除手段をもってしてもなかなか抑えられず、収穫は量でも品質でもかなり劣ったものになる。移住農場の開発においては、それ自体の論理的構造から生じる秩序が優先されなければならないことは、いくら強調してもしすぎることはない。農業にとって――それが一般農業経営、園芸業、移住農場であれ――、決定的な意味を持つところの生きている自己完結型の有機体の経済効率は、移住農場が食料自給以上の生産物を生産しようとするならば、当該地域の条件とそこから生じる販売の可能性をすべて考慮に入れた栽培のやり方の方が優れているという事実にも基づいている。肥料、農機具、劣悪土壌の改善に要する時間などの支出をできる限り抑えて、正常な収穫を得ることができるようにするところに、そのような方法の経済的価値があるのである。

移住農場の組織体制

これまでは個別の移住農場の建設を取りあげてきた。それは、たとえ痩地でも、適切な対策を講じてよく考えて開墾することによって、耕作可能な状態にすることができることを実例として示すためであった。こうして育った個別の移住農場の集団が今度は生物全体の細胞を形成し、多くの場合、そのような移住農場がいくつも集まった移住農場団地ができている。基本的に移住就農は単独では難しいのであって、移住就農の意志がある人たちの共同体が生まれ、そしてより大きな移住農場団地として発展していくはずである（**付録図17、図19**を参照）。最小の移住就農者の共同体は、個々の移住農場を管理する家族によって構成される。

土壌や立地、気候条件によって、移住農場団地の広さ、そして、その移住農場が市街地の近くにあるのか、もっと田園地帯にあるのかによって、性格の異なる移住農場が求められることになる。基本的には、純粋に農村的な性格を持つ移住農場と、純粋に園芸的な性格を持つそれとを区別する必要がある。

農民的移住就農者はとくに家畜を飼育し、穀物を栽培して、できるかぎり食料の自給ができるようにする。その平均的な規模は25～40モルゲン（約7,5ha ～12ha）である。ただし、それ以上の面積をもつことも少なくない。その経営規模は移住地の土地の状態や、その他の地域条件や気候、立地条件によって異なる。農民的移住農場がこれまでのところ最も代表的なタイプである。ただし、最近の農民的移住農場の建設に関しては、うまくいっていたとは言いがたい。その原因はすでに十分に指摘されているように、建設形態とそこで取られている経営手法にある。しかし決して落胆すべきではない。バイオダイナミック農法が守られれば、農民的移住農場はかなりの飛躍が望めるからだ。とくにそれは牧畜に適している湿地帯の開発・開墾の場合である。家畜飼育は農民的移住農場の農村集落の主要な仕事である。飼料栽培や家畜飼育が優れたものであれば、現代の状況下でも畜産は利益を上げられる。

家畜飼育が経営の中心であることは、耕作の性格をはじめから決めることになる。ただし、この種の移住農場でも、順序よく構築されるという原則が組織の形成に決定的な影響を与えるはずだ。この場合、集約ゾーンは食料自給に必要な野菜や果実の栽培、子牛の放牧に利用されることになり、当然ながらそれは住宅の近くに持ってこなければならない。このような移住農場では、羊、ウサギ、鶏の飼育が牛の飼育と並ぶ主要部門である。羊飼育は、近年、国産の羊毛が以前より重視されるようになったこと、さらに、医学的経験で羊乳が食事療法に推奨されること、そして最後に、羊はその性能に比較して、特別に栄養吸収に優れていることによっている。

また立地条件や土壌によっては、とくに野菜作物の種子栽培、アスパラガス、早生ジャガイモ、晩生キャベツなど、農民的移住就農者には特殊作物を栽培する機会も多い。また、油糧作物の栽培についても考えられる。

農民的移住就農者には、熟練した農民、農民の子弟、家畜や土地と基本的な関係を持つ農業労働者だけが指定されるべきである。このような人たちだけが、うまく移住就農できる。

園芸への移住就農者は青果物の自給を確保する以外に、何よりも特殊作物を栽培し、そこから完全な生計を立てるための補助を得ることができる。純粋な園芸移住就農者は、土地がないために家畜を飼えないことがほとんどだ。そのような農場の規模は３～６モルゲン（１～２ha）である。

バイオダイナミック農法の経験により、上の二種類の移住就農者、すなわち農民と園芸家の双方の特徴をあわせ持つ新しい土地経営者が現れ、私たちはそれを集約型移住就農者と呼びたい。集約型移住就農者は、経営の大きな部分（主栽培ゾーンと粗放栽培ゾーン）を現在の手労働による集約的な小農民と同じように耕作し、経営用建物のすぐ側のずっと小さな部分（集約栽培ゾーン）は完全に園芸利用の対象となる。自然の力を意識的、意図的に利用する経験の積み重ねにもとづくこの園芸的性格の強い栽培は、農場のバランスをしっかり保ち、ほぼ一年中収入を得ることができ、また必要に応じて自給分以上のストックを得ることも可能である。こうした移住農場はすでに農場の建設について詳しく説明したように、ほとんどの場合、ゼロから出発しなければならない。したがって集約型移住就農者は自ら家畜の飼育を行うようになって初めて、農場を完全な有機体にし、農場内での「受取」と「供与」のバランスをしっかり確立することができるのである。以下に述べるさまざまなタイプの移住就農者のなかで、集約型移住就農者には移住農場コミュニティのなかで中核的なグループを形成することが求められる。集約型主業移住農場の規模は、８～20モルゲン（約2.5～６ha）である。

集約型移住就農者が経営する農場の規模に応じて、園芸栽培面積は大きくなったり小さくなったりする。農場が小さいほど園芸栽培の割合は高くなる。いずれにせよ、この種の経営では、１頭から始めて１、２頭の牛を飼い、耕作に不可欠な厩肥を自ら確保することが求められる。

集約型移住農場では、つねに自給分の確保だけでなく、高級野菜、アスパラガス、イチゴ、ベリー類など、簡単に販売できる特殊作物の栽培が努力される。また、種子栽培もその特別な分野になりうる。最後に、集約型農場は果樹栽培についても、今日異常に不足している高品質果実を洗練されたバイオダイナミック農法による作業方法で栽培することができる。今日、高品質果実の不足は深刻で、その大部分は外国からの輸入に依存しているからである。

集約型移住農場は、訓練を受けた園芸家が十分な園芸経験を積んだ後に、家畜の飼育や耕作に関する深い知識を得るために、小規模な農場でしばらく研修する必要がある。経験によれば、一般的に農業者は自分の農場で集約的な園芸を導入する必要はないと感じている。

以上で、郊外移住就農者や副業的就農者だけで構成されることの多い移住就農者共同体のなかで、集約型移住農場が実際に中核的なグループを形成すべき理由が容易に理解できるであろう。農業的労働と園芸的労働の双方を一から学び、栽培に関する対策も多面的かつ柔軟であるので、景気変動に左右されることがないのである。そのような場合、集約型移住就農者は、移住農場コミュニティの教師でありアドバイザーになることができる。彼には自分の農場に近隣の就農者のための育苗施設をもっており、場合によっては自家採種種子を提供することもある。さらにまた彼は、自給に加えて特殊作物を栽培する副業的移住就農者向けの販売も担当できる。郊外の小さな移住農場にとってはこれはむずかしい。経済的観点からすれば、集約型移住農場は、自らの完全自給にとどまらず、産品の販売もできるようにすることが非常に重要である。したがって、どの移住農場コミュニティも、上記の理由から、移住予定地に中核となるいくつかの集約型農場を置くことを原則とすべきである。

土地の管理者としての移住就農者という言葉の意味を理解することが非常に重要である。これまでの説明では、農業移住就農者、園芸移住就農者、そしてここでは集約型移住就農者について知ることができた。そのいずれも主業移住就農者とされている。

これらの主業移住農業者の他に、副業移住就農者、つまり農業以外の何らかの職業を持ち、その家族がいっしょに移住農地を耕す場合も少なくない。副業移住就農者には、以下のような人がなりうる。

――農場労働者

――木靴職人、かご職人、ほうき職人などの家内労働者

――工場の短時間労働者

こうした副業移住就農は、グーツ大農場※や村落、工業企業の周辺にすでに存在している。彼らの土地は２～10モルゲン（60 a ～ 3 ha）で、多くは１頭の牛と数頭の豚と数羽の家禽を飼っている。

※グーツ大農場は、エルベ川の東の地域（オストエルベといいい、旧東ドイツの東部から西プロイセン（現在ではポーランド領）の地域において農地の大半を所有した大規模な領主農場である。領主をグーツヘルといい、その俗称がユンカーであった。西部ドイツの農民的土地所有制に対して領主農場制という。第二次世界大戦後に旧東ドイツ（当時はソ連占領下）の土地改革によって領主農場は無償没収され、領主農場制は解体された。

次に考えるべきは、農村の移住就農者、あるいはグーツ大農場の雇われ人である。グーツ大農場はいくら援助を受けても経営難が長く続いており、経営の健全化に成功するには農場周辺の労働者を就農させ、場合によっては土地を財産として与えて移住就農させるのがよいだろう。そうすれば、グーツ大農場は信頼できて農場に献身的に尽くす労働力を得ることができるだろう。グーツ大農場の労働者は、肥料、食肉、ジャガイモ、牛乳、穀物などを農場から現物賃金として受け取る一方、自分たちの土地で野菜や果実を栽培できるようになる。彼らの住居は一戸建てであることが望ましい。さらに、家禽や小動物を飼うこともできる。そうすれば賃金の大部分を現物で支払うことができ、現金は特定の買い物のために比較的少額ですむ。この際、誤解されないように、移住就農はグーツ大農場を排除して農場を開くことではないことを指摘しておく必要がある。グーツ大農場は国民経済の観点からも非常に重要である。ただし、そのような大農場も、綿密な調査の結果、将来にわたって採算の取れる農業ができない（土壌、気候、立地条件のためであって、経営者の能力不足のためではない）ものは、分割して移住農場にするのがもっとも適切であろう。

失業による生活苦は、今や新たに土地を経営するタイプの労働を生み出している。新しい労働市場は都市近郊の移住就農者に対して、今日、とくに大きな働き場を提供しなければならない。多くの失業者や半失業者が、ここで生計を立てる活動に復帰できる。同時に、移住就農の初期には失業手当や福祉手当の支給が行われるべきである。さらに、移住農場の建設期には食料や住居も提供されなければならない。それは、その名の通り、市街地の周辺に開発される移住農場である。郊外に新たに移住し就農する者は、移住農場を開設するための資金を持たない場合がほとんどであって、国や自治体からの融資や補助金に完全に依存しているが、主業ないし副業型移住就農者はある程度の自己資金を持っているのが普通である。

残念ながら、とくに現在、移住就農地として注目されているこれら都市近郊の場合、個々の移住就農者に割り当てられた土地があまりにも小さく、まず土地を肥沃にするのではなく、家を建てることに全力を注ぐという基本的なまちがいが繰り返されている。移住就農者はいずれも自らの手で土地を肥沃にし、それを維持する能力があることを証明しなければならない。耕作に成功して初めて、移住就農者は開墾した土地に家を建てる権利を得ることができるのである。家を建てる資金は、その後に提供されるべきである。

都市近郊の移住農場に割り当てる面積は、少なくとも１～２モルゲン（約30～60a）であるべきだ。ここでも、以前に割り当てられたクラインガルテンでの農作業を通じて、土地管理の一般原則を習得している移住就農者だけが選ばれるべきである。ここで何よりも必要なのは、学習とモデルである。このような都市近郊の移住農場では、農地管理は主に園芸的な性格を持つことになる。しかし、そこでも適切な家畜飼育ができるように努力すべきである。農場が小さすぎてそれが不可能な場合は、近隣農家と共同で家畜を飼育できるようにし、そこから肥料の必要量をまかなえるようにする必要がある。すでに副業型移住農場について観察されたことは、この近郊移住農場にも当てはまる。つまり、移住農場は家族員によって経営され、就農者自身は、近隣の果樹プランテーションやアスパラガス農場、あるいは工業企業で労働者として就業機会を見つけるのである。こうすることで移住就農者は自分の農場で現物を完全自給することができるとともに、現金も得ることができるのである。ただし、郊外移住農場が自給を超える販売目的での栽培は考えるべきではない。

現在では、住宅貯蓄金庫、農地付き住宅・田園都市運動などに支えられた移住活動全般は、「移住居住団地」(Wohnsiedlung) と呼ばれている。それはとくに持ち家を対象としており、団地そのものは市街地に近い。将来的には、ここでの住宅建設は制限されることになるだろう。各家族に提供できた緑地は、それ以降に一般化するよりも広くとることができたからである。肥料は、緑地でできる堆肥に追加する形で天然肥料を取引するか、あるいは近隣の家畜飼育農業から調達する必要がある。また、果樹や晩生ジャガイモを共同で栽培し、田園都市コロニーに供給することができる。

移住居住団地という名称は、まさに住宅問題の解決が前面に出ていることを表している。これらの住宅地は、住宅建設に関して今日一般に郊外型住宅地で認められている取組みが権威あるものになることが期待されている。土地管理が第一義的な役割を果たすべきであり、住宅問題は採算の取れる管理を前提にする場合にだけ解決されうるのである。

とくに荒れ地を肥沃な土地に変えるのは勤勉さと愛と思索の賜物であり、この点では、クラインガルテンもまた今日理解されている移住就農という言葉に含まれる。移住就農を希望する人の多くは、趣味でクラインガルテンをやってきたという場合が少なくない。都会の生活と仕事のバランスをとるためにクラインガルテンの大運動が起こったのであろう。クラインガルテンは、農作物や園芸品を手に入れるためというよりも、一日の仕事で疲れた身体を休めリフレッシュするためのものであった。クラインガルテンでは大工仕事もできるし、植物や小動物を育てる喜びや愛情も感じられるはずだ。いろんな趣味を気楽に追求することがその広い園地で可能になり、それが活力の源となったのである。

戦時中や食料難の時代には、クラインガルテンは家族に必要な野菜を提供するために使われることが多く、それは名誉なことであった。現在でも、野菜や果実の自給に意欲的な家族は少なくない。もちろんクラインガルテンで青果物の供給を増やすといっても、それはレクリエーションや趣味のレベルに限られる。

これらクラインガルテンや郊外移住農場では人糞尿が肥料として使われること、しかもたいへん粗悪な形で使われることが少なくない。確かに厩肥の入手は難しいが、クラインガルテン協会やコミュニティが、信頼できる厩肥や天然肥料の会社と連携し、バイオダイナミック加工によって得られた天然肥料ならば、その量は少なくとも、こうした困難を克服することができる。そうすれば、既存のコンポストや購入した肥料を濃縮肥料に変えることができよう。

ここで紹介されるような多様な型の移住農場の概要は、同時に、移住就農に積極的に関わろうとするすべての人へのオリエンテーションでもある。とくに考慮しなければならないのは、工業界では今後何年もの間これまでのように多くの人の雇用は困難であることだ。工業会はフル稼働しておらず、この状況は今後数年間は変わらないであろうから、残念ながら今後長い間、労働時間の短縮に対応しなければならないだろう。このような短時間労働者にとって、副業型移住就農は工業で受け取る賃金と合わせて、自分と家族を養うための生活の糧を得ることができる。これだけでも現在の失業者の大半は、実は副業型移住就農、あるいは郊外移住就農に適していることは明らかである。その中で、実際に農業に長く親しんできた者だけが、主業移住就農者とみなされるべきなのである。

都市の周辺には、ほとんどどこでもクラインガルテンのサークルがあって、その周りにはまだ萌芽的であるが、この小さなサークルを中心に郊外移住農場が形成されつつあるようだ。農村に行けば行くほど、さまざまなタイプの農場がゆったりと広範囲に存在する。大・中・小経営が土壌、立地、気候などの条件によって、全体としてひとつのモザイクを形成している。村落や製造工場、農家などの周辺には、共同移住就農者、大農場雇われ移住就農者、副業型移住就農者が集まっている。主業移住農場と市街地との関係は、園芸が主であれば近く、農業が主であれば距離があるということになる。純粋な園芸農場はその性質上、より都市に近いところで発展していくことになる。移住農場の課題は、やせ地を良好な耕地にし、食料自給を確保することだけだと誤解してはならない。それを超えて、主業移住農場は産品を市場に出荷し、外国産品にとって代わることである。とくに高級野菜や果実についてはそうであろう。また、計画的な移住農場は、農場で生産されたものを確実に処理するという課題も解決しなければならない。

移住就農者は自分たちで販売組織を立ち上げ、最高品質の産品だけを消費者に届けるようにしなければならない。農業に関しては今日ほとんど破壊されている消費者と生産者の直接的なつながりという非常に重要な側面が、移住農場によって再生される可能性がある。

すべての取組みは共同で始めるべきである。移住就農の意志のある人々がひとつの団体にまとまり、単に土地を割り当てるだけでなく、しっかりした方法で移住農場エリアの開発を可能にするものでなければならない（付録図17、19を参照）。多くの場合、個々の農場を直接つなげる道路を建設して、エリアをまとまったものに必要がある。地下水位が高い場合には、まず側溝網で排水し、その後にしっかりした排水路を確保することが必要な場合が多い。移住農場の大部分は、事実、天候に恵まれない場所に土地を得ている。そうした不利な気象条件に対する最初の主要な防御策を共同で作り出すことも、移住農場協会やグループの仕事である。つまり、道路を作り、溝を掘り、気象被害に対する防護策を共同でつくることが先決である。それまでは、移住就農者は共同してバラックで寝泊まりし、食事もそこで摂らなければならない。そうした保護作業が終わって初めて、個々の移住就農者は割り当てられた土地で作業を開始する。農地への交通、排水、通風を共同で行い、しっかりした防御策をとることに大きな利点がある。

こうした共同作業と相互扶助は、最初は個々の就農者の仮設住宅に、後には本来の住宅建設に利用され、健全な共同体をつくりあげ、あらゆる逆境に立ち向かえるようになる。最も初歩的な状況から共同体の力を借り、あらゆる力を駆使して開拓者としての自覚を持ちながら、移住農場はゆっくりと成長していく。また、種子、植物、道具の相互交換、さらに家畜群の飼育も共同体の役割である。

移住農場の実際経営への実践的アドバイス

移住就農者にとっては、最小の経費で最大の利益を上げることが常に経営にとっての最高原則でなければならないであろう。自然はこの点でも教師であり、就農者が自然のみごとな造形活動を理解し、活用することに成功すればなおさらそうである。植物の生育の目に見える現象を直接観察し、それに対応する栽培方法を自分で見つけることができる。そこに、すべての農業者、園芸家、移住就農者のためのＡＢＣがある。というのも、気候、立地条件、土壌の条件がきわめて多様であることを考えると、一般に既存の栽培指導書はあまり意味がなく、とくに繊細かつ徹底した処理によって植物がより敏感に反応する場合はなおさらである。

バイオダイナミック農法で開発された農場でバイオダイナミック施肥を計画的に行うことは、長年にわたる機械耕起を減らしていくことを意味する。耕耘機やハローで砕土するだけで十分である。土壌の自浄作用は初期にアップし、巧みな輪作によって植物がそれを維持することができる。土壌を植物で被覆することは、調和のとれた土壌を均等に、かつ永続的に活性化させるための最良の保証となる。しかし、この植物被覆は植物群落全体で構成されるか、最も多様な作物の速やかな輪作によって達成される必要がある。個々の作物が土壌に求めるものはきわめて多様であり、この点でも土壌に大きな影響を与える。当然のことながら、土壌の生命力を維持するには、植物の性質や生育期間中の土壌との関係を正確に把握しなければならない。

ほぼ腐敗した状態の有機物で土壌を覆うことで栽培植物による土壌被覆を代替することは、とくに土壌の活力を利用する春には重要である。そうした土壌被覆はほぼ完熟した厩肥の撒布で実現できる。また、この機会に言及しておきたいのは、施肥は数年おきに大量に投与するよりも、頻繁に少量ずつの方が良いということである。また、肥料の半分は土壌の表層でかき混ぜたり、鋤きこんだりするが、残りの半分は土壌を被覆するように使うと、土壌にも植物の生育に良いことが証明されている。

また、落葉樹林の上層土壌のような構造を持つ落ち葉堆肥を使用すると、優れた方法での土壌被覆が可能である。したがって、この落ち葉堆肥は完全に分解されて土壌になるのではなく、落ち葉の細かい破片が見えるような砕けやすい塊であることが重要である。この落ち葉堆肥が地面を覆うように使われれば、土壌表面に生きた皮膚のようなものが形成される。この皮膚を通して、呼吸や栄養交換が可能になる。土壌被覆による皮膚の形成が土壌の活力、湿度、緩みを一定に保つので、耕耘や灌漑をしなくてもすむようになる。この皮膚は外部から土壌に強い影響を与えるものをすべてはじく。雑草もこの表皮を突き破って伸びるのはごくわずかである。それでもわずかに生えてくるのは、非常に緩い土壌に根を張っているので簡単に除草できる。つまり、土壌被覆は園芸家や移住就農者にとっては大幅な労力の節約になる。植生期間中は地表に置いたままにしておき、秋になってから軽くかき混ぜ、熟した土壌として利用する。落ち葉堆肥の作り方は、**図14**のとおりである。

一年草、多年草、かん木、樹木の性質の違いについては、農業または園芸業の有機体を調和的に配置するための原則を確立する際にみておいた。しかし、私たちは別の意味で自然界に確立された差異に関心をもっている（**図1**を参照）。すなわち、これらの異なった植物を直接観察することで、肥料の必要性が全く異なることがわかるのである。植物が土壌や腐植の力、光や熱の影響を受けて成長することはすでに立証されている。一年草と樹木を比べると、一年草は樹木よりも土壌の腐植作用の影響を強く受けていることがよくわかる。有機物、厩肥、堆肥を投与することで、土壌の腐植作用が助けられる。光と温熱の効果は、すでに経験したように、あらゆる場所に細かく分布している砂状の物質によって植物に伝えられる。

一年草に比べ、樹冠に緑を展開する樹木は、地面から離れ、大気中の特別な光と熱の作用にさらされる。多年草とかん木は、この点では樹木の成長への段階にあるといえる。多年草やかん木も樹木に次いで、植生期間に光と熱をより多く吸収できるので、一年草に比べればその緑を毎年増やす可能性を持っているのである。樹木は土壌の力の影響から最も離れており、主に光と熱の影響下にあることがよくわかる。これは有機質肥料を使う際の重要なヒントになる。一年草は腐植効果を比較的大きく受ける必要があるのだが、腐植物質の施肥については多年草は多少異なり、かん木はさらに大きく異なっており、樹木はほんのわずかよいということである。

ほとんどの場合、果樹は下草からの肥料で十分である。果樹で特別な施肥が必要であるのは、ごく一部のケースに限られる。この点で、現在は大きなまちがいが起きている。一年草のように施肥された果樹は、樹液と力の効果を自ら処理することを強いられる。つまり、非常に多く芽を出してむやみに成長するので、常に剪定で補正しなければならず、それで樹木の持つ独自の活力が大きく乱されることになる。

多くの果樹にアブラムシや葉ダニが頻繁に発生したり、癌種病や害虫が多発するのは、こうした誤った過剰な施肥や処理方法による場合が多い。また、こうした被害は、とくに発育初期の樹木に対する過剰な施肥によってダメージを与えた場合に発生する。生育初期の過剰な施肥によって成長しすぎ、肥料を使い果たした後で成長が停滞するのである。その結果、樹液の濃度があがってアブラムシが発生し、さらに一連の被害が発生する。有機肥料や人工肥料で強い影響を与えるのではなく、樹木の緑を育てる実際の要素である光と熱のダイナミックな効果にもっと注意を払うべきである。そうすれば樹木は無制限に成長するのではなく、自らの活力で十分にかつ健全に成長し、本来の自らの活力によって、正常で健全な成長に必要なだけの腐植と樹液効果だけを土壌から取り込み、それは果実につても同様であることがわかるであろう。

とりわけ果実については、とくに光と熱の効果がどれほど大きいかは、光が水面で鏡反射される地域で観察することができる。とくにボーデン湖〔ドイツ、オーストリア、スイスの国境にあるドイツ最大の湖で面積536㎢。ちなみに琵琶湖は669㎢〕の北岸は、良質な果実産地として知られている。光反射が果実をしっかり着色し、日持ちさせ、とくに食味をよくするのである。ところが残念なことに、これらの地域では過度の施肥や農薬散布が継続して行われ、上のようなみごとな効果が著しく損なわれている。今日では、ボーデン湖の果実は、かつてのような美味しいものはたいへん少なくなっている。これは、現在の果樹栽培が根本的にまちがっていることを示す顕著な例である。ドイツでは、これだけ多くの果樹がありながら、これほどまでに低品質のものしか生産されていないことに、いつも驚かされている。これは、上に説明したような誤った対策からすれば理解できることである。

ワインでは取り込まれた太陽の光を楽しむのだという言い伝えは、すべての果樹の果実にも当てはまる。果実のいい香りと風味は光と熱の効果によって生み出されるのであって、それはとくに樹が高木にされることによって得られる恩恵である。しかし、現在の果樹やワインブドウの栽培における施肥や防虫対策では、こうした光と熱の効果を十分に発揮することはできなくなっている。かなりのコストをかけての害虫駆除は、施肥による失敗を一時的に解消することができるものの、同時に薬剤が樹液に浸透した土壌や樹木は、活力を低下させ、しだいに完全にその活力を放棄してしまうのである。

これは、ブドウ栽培ではかなりの程度発生している。すでに当たり前になった農薬散布を突然中止すると、ブドウ樹はその年のうちに枯れてしまうのである。モルヒネ中毒者が麻薬に慣れるように薬剤散布に慣れてしまったのだ。農薬撒布は人為的にわずかに成長力効果を与えるが、同時にそれを低下させるものである。したがって、過剰な施肥や薬剤散布が行われてきた場合には、最後の薬剤散布をやめてバイオダイナミック的処理――デメーテル501と508、すなわち岩石結晶調合およびスギナ茶――に置き換えることで、徐々に施肥と薬剤散布を減らしていくことが求められる。

多くの場合、果樹は草地の園地や放牧地または採草地にある。草地の園地では、ハローで地ならししたり、堆肥を毎年施して活性化させたりすることは一般にほとんど行われていない。このような場合、草の覆いはマット状になり、年々密度が高くることで、それは果樹にとって非常に有害で、木の成長を妨げる原因となっていることが多い。幹や枝に地衣類や苔が付着して呼吸を妨げ、害虫やカビなどが大量に発生する。草地の園地に密に果樹が植えられるとこの状態は悪化する。この場合には、幹の周りに小さな換気ディスクを置き、木の根の部分の土壌を活性化させればよい。さらに、すでに述べたように、毎年、事前にハローで地ならしし、その後に細かい堆肥施肥を行うのである。

最後に、滑らかな樹皮を保つために、木の幹を処理する必要がある。それには冬に、土三分の一、牛糞三分の一、川砂または石英粉三分の一を混ぜたものを幹に塗ることを毎年繰り返せばよい。また、このコーティングで、春に樹液の流れが早くなりすぎず、花が春遅くなって咲くという効果もある。この時期、各地で発生する霜で花が痛んでしまわないという利点がある。果樹園では、土壌を深耕することも避けるべきである。吸水力のある毛細根は、通常、土壌の表面に近いところにあり、耕起が浅いほど、樹木の生育に有利になる。

果樹栽培ではこうしたアドバイスに耳を傾ければ、健康でおいしく、保存がきいて品質のよい果実の栽培によって大きな成果をあげることができる。これは移住農場にとっては大きな意義がある。果樹栽培を愛することは、とくに特定の優良品種においては、果樹栽培全体にとっての祝福となりうるからである。ここでもう一度指摘しておきたいのは、施肥そのものは、野菜くずや土くずなどからなる完熟堆肥（**図4**、**図5**、**図7**を参照）、たとえば泥土堆肥、芝土堆肥、マメ科堆肥などによるものであるべきである。

ベリー類は、やや荒い材料、つまり完熟厩肥での手入れが可能である。とくにブラックベリーやラズベリーがそうである。これらのベリーは肥料をよく消費するが、スグリはそれほどでもなく、セイヨウスグリはさらに少ない。ただし、この場合も肥料は完熟のものを与えることが望ましい。かん木を植える植込み帯は、土壌はごくわずかにほぐす程度でよい。最も細い毛根が土壌の表面近くにあるため、深くほぐすと毛根が痛むからである。軽くほぐした後、肥料を撒いたうえで軽くかき混ぜ、その上に覆土のような形でさらに施肥する。この上に松葉やトウヒの葉を敷き詰めることができれば、ベリー類は健康に育ち、花をたくさんつけ、それはたいへん健康で豊かな実をつけるための最良の方法となる。ベリー類は剪定が重要である。とくにスグリやセイヨウスグリは、若い細枝だけが花や実をつけるので、細枝が長くなるようにしなければならない。ベリー類のかん木は、すぐに太い幹になってしまうので、毎年剪定して、十分な数の若い細枝ができるようにすることが必要である。

イチゴは移住農場には販売商品として喜ばれるが、ベリー類と同様の扱いが求められる。イチゴの場合もその生育をできるだけ妨げないために、肥料を撒いたうえに松やトウヒの葉で覆えばよい。針葉樹の葉の覆いの下の土は、緩く、活力に満ちて湿った状態を保ち、イチゴの成長、開花、結実にとってとくに有益な状態にある。雑草もほとんど生えず、鍬入れや水やりの手間も省ける。この方法で栽培されたイチゴの香りは非常に繊細で、野イチゴの味に非常に近い。しかも、実は大きく丈夫であって、保存中も色や味がしっかりとして崩れにくい。

販売用の野菜を栽培する主業移住就農者は、野菜を広い面積で栽培することにこだわらず、狭い面積で集約的に栽培することが大切である。それが、細部まで考え抜かれた野菜の栽培技術につながり、今日でも経営的にも優れていることが証明されている。栽培面積が小さいことは、年間を通じて農地を利用するという理想に限りなく近づくことができる。したがって、とくに集約的な野菜栽培に専念する移住農場の面積は、せいぜい２～３モルゲン（0.6～１ha）程度にとどまるであろう。また、移住農場では、あらかじめ野菜栽培の順番の原則が考えられている。まず、すべての野菜栽培を、先行作、主作、後作、間作に分けている。

先行作――ホウレンソウ、ノジシャ、レタス、コールラビ

間作――ラディッシュ、コールラビ、レタス

後作――芽キャベツ、ケール、ノジシャ、ホウレンソウ、晩生コールラビ、テルトウカブ

主作――その他野菜全般

先行作や後作は決められた順序で栽培されることが多いが、主作は間作との混作が望ましいとされている。コールラビ、レタス、ラディッシュは、間作物として露地栽培にこそその価値がある。

野菜類は、順に養分強吸収作物、マメ科、養分低吸収作物、そして最後にトマトに分けられる。

養分強吸収作物には、すべてのキャベツ類、キュウリ、ルバーブ、セロリ、リーキ、トウモロコシ、早生ジャガイモ、ホウレンソウ、レタスなどが属する。このクラスの中でも、養分吸収がとくに強いものと、それほどでもないものの関係で区分できる。

マメ科では、ソラマメ、エンドウ豆、インゲン豆、つる豆などがある。

養分弱吸収作物には、ニンジン、セイヨウゴボウ、タマネギ、赤カブ、ハツカダイコン、カブ、そしてすべての香辛料野菜などである。

栽培をできるかぎり集約的に行うには、園地栽培の原則をさらに追求すべきである。

そうすることで、つる豆やトウモロコシ、場合によってはヒマワリなどの空間を創造する野菜を植えることができる。それらを使うことで、他の植栽の風除けのための栽培空間を作ることができる。このように作られた空間は、湿度を保つ役割も果たすのである。

農園内の小道に沿って植えるのに適しているのが、アサツキ、スイバ、パセリなどである。

しかし、植物世界のなかでどの植物が相互に成長を促進するかを明確にすることで、野菜作の秩序全体を補強できる。以下は、そのいくつかの事例である。セイヨウネギ（リーキ）とセロリ、ニンジンとエンドウ、キュウリと豆類、コールラビと赤カブ、タマネギと赤カブ、早生ジャガイモとトウモロコシ、早生ジャガイモとエンドウ、早生ジャガイモとソラマメ。そして、それぞれの作物が互いに成長を促進するようすを観察することで、混作栽培の重要性につながる。

トマトは上のどのグループにも分類されない。まさに変わり者である。ここで、トマトの栽培を成功させるための基本的な重要事項である二つの特殊性について、簡単に触れておくことにする。一つは、トマトは以前からトマトがあった場所で栽培するのが一番良いということ。そのため、野菜栽培の中では例外的な存在である。もう一つは、トマトはできれば非常に生の肥料の上に植えるべきで、この生の肥料に、前年のトマトの廃棄物から作った堆肥を加えると、最も健全に発育するということである。その後、いわゆる植畝に植えつけて、光の反射が得られるようにすれば、トマトは全く健康に発育し、早く実をつけ、秋の霜が降りるまで実をつけ続けることができる。

集約型移住農場の就農者は、マメ科や養分低吸収作物には、野菜堆肥の細かい肥料を与える。これは種子を畝間に蒔くときに、一定の被覆として、または苗の植付け前に畝間に与えることになる。バイオダイナミック的処理がなされた肥料の場合に可能な、もっとも経済的に肥料を使用するこの細かい施肥作用は、作物栽培において最も重要な対策のひとつである。養分強吸収作物、養分弱吸収作物、マメ科作物のグループ毎に、作物の特徴に応じて肥料の必要性は異なっており、この点で、腐植効果や光と熱の効果に関して、個々の作物の異なる成長期間に何がどの程度まで支持されるべきかは十分には観察できない。野菜栽培において、腐葉作用と光作用のどちらをより多く支持するかというヒントが、直接の観察からどのように生まれるかを一つの例で示すことする。このことは、主役であるアブラナ科植物によく表れている。(**図1**を参照)。

野生のアブラナ科植物では、根、茎と葉、花と実といった植物の三つの必須部分が互いに関連して調和的に形成されているのに対し、栽培植物では上の部分のひとつが特別に肥大し大きくなる。光と温熱の効果がみごとな造形力をもたらし、この部分を食物にすることができるようになったのである。さまざまなアブラナ科の植物を並べたテーブルを見ると、光と暖かさの効果によって、とくに香りや味、そして花の色に現れるみごとな造形力が、ダイコンやハツカダイコンの根に結実しており、それはそれらの色や味の変化にも見られ、色も赤くなっていることがわかる。これはカブハボタンでも見られることだが、通常緑色をしている根の上部は、すでに土から出ている状態である。

キャベツの苗が並んでいるところを追っていくと、コールラビに行き着く。コールラビは茎が圧縮されて球根状になっている。この茎に、上部にある光と熱が取り込まれ、まろやかな甘みと柔らかさを生み出している。

次に並んでいるヤセイカンラン（ナヨクサフジ）は、通常、葉の部分に生きている腐植の力と、通常は、植物の花の部分で優勢な光と熱の効果の両方を茎に引き込んでいる。その結果、とくに茎の部分が良質で柔らかく甘いので家畜飼料にできるのである。

ケールや、ブラウンキャベツ、コラードは、光や熱の影響を受けにくいゾーンに葉を大きくする植物で、それはケールの葉の形成に見られるように、葉は完全にカールした状態になる。

次の植物である芽キャベツでは、強い茎が形成され、その茎は小さなキャベツの頭で完全に覆われ、最上部に葉の冠を載せている。ここでは、葉らしさは茎そのものに多く現れ、葉が大きくなるのではなく、むしろ葉の冠のなかでまず新芽が生まれる。

チリメンタマナの場合は、茎の形成は完全になくなる。芽キャベツではまだ活発な力が、ここでは強い腐植作用によって打ち消され、最初はまだ緩い頭で大きな葉の塊を形成している。白キャベツではこの葉の塊が硬くなり、赤キャベツではさらに葉の塊が固まり、光や熱の効果よりも腐植の効果が優勢であることがわかる。カリフラワーでは、花の形成と茎にあるものがいっしょになって葉の部分に圧縮され、カリフラワーとして食べられる巨大な構造を形成している。

植物の成長において、光と熱の効果がどのような領域で正常に発現するかは、アブラナ科の植物ではニオイアラセイトウが教えてくれる。アブラナ科の他の植物では、根や葉、茎などの養分を形成する力を自在に繰りだす。ニオイアラセイトウからは、強烈なよい香りが発せられ、鮮やかな色で輝いている。

葉や茎の形成を促進させたい植物には、肥料の必要性が強く現れる。では、その全体像を見てみよう。植物列をもう一度見てみると、ダイコンやハツカダイコンは養分強吸収性ではないこと、コールラビは腐植効果を一定の要求をすること、ヤセイカンランとケールでは要求は大きくなり、芽キャベツやコモチカンランではさらに大きくなり、チリメンタマナを経て白キャベツ、赤キャベツ、そして最強の養分吸収性をもつとも言えるカリフラワーに至るまで急激に増加することなどがわかる。

この一連の栽培植物の直接観察から、肥料の必要度は腐植や光、熱の影響の相互作用によることが納得できるのである。こうした確認は処方箋ではないが、植物栽培における指針になるものである。

集約的栽培の中での温床フレームの利用については、すでに何度か指摘されている。温床フレームの利用は強制的なものではなく、野菜の成長促進のためであり、温床フレームがなくても丈夫で健康な食物を生み出せることが強調されている。温床の作成方法は**図8**に、その利用方法は**図15**に、集約栽培ゾーンの温床の平面図が示されている。

この平面図には、三つの温床がある。それぞれに特別な陰影線が施されている。個々の温床の動きは、陰影線の違いで簡単に追うことができる。一年の間に、三つの温床では、温床に合わせて正確に寸法が決められた10の苗床別に作物が栽培されることになる。

苗床は番号で指定されており、月別表の縦欄から確認できる。横欄は、月単位での期間が示されている。こうすることで、作物の発育や成熟を促進・保護するために、温床にどの程度、個々の作物が栽培されるかがよくわかる。

10番の苗床では、ガラスなしの温床として短期間（６月一杯および７月の半分）だけ使用し、そこに蒔いた夏ホウレンソウに光が当たりすぎて花が咲かないように、緩く縛ったワラで遮光している。

この栽培作物を移動させる温床フレームでの栽培スケジュールをみれば、春はかなり長い時間、ガラスで保温されるが、光と熱の影響が大きくなると個々の作物の栽培期間はかなり短くなることがわかる。また、ガラスは１年のうち８日間だけ外されているのは、その間に修

図 15 集約ゾーン温床フレーム内の作付体系

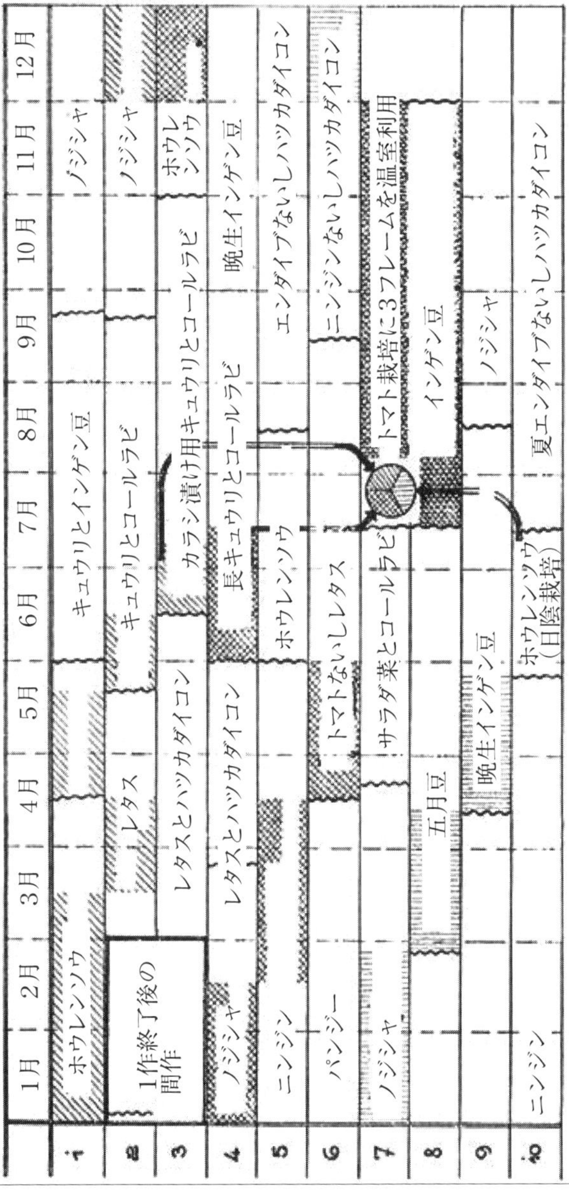

	1月～12月
1	ホウレンソウ / キュウリとインゲン豆 / ノジシャ
2	1作終了後の間作 / レタス / キュウリとコールラビ / ノジシャ
3	1作終了後の間作 / レタスとハツカダイコン / カラシ漬け用キュウリとコールラビ / ホウレンソウ
4	ノジシャ / レタスとハツカダイコン / 長キュウリとコールラビ / 晩生インゲン豆
5	ニンジン / ホウレンソウ / エンダイブないしハツカダイコン
6	パンジー / トマトないしレタス / ニンジンないしハツカダイコン
7	ノジシャ / サラダ菜とコールラビ / トマト栽培に3フレームを温室利用
8	五月豆 / インゲン豆
9	晩生インゲン豆 / ノジシャ
10	ニンジン / ホウレンソウ（日陰栽培） / 夏エンダイブないしハツカダイコン

理やメンテナンスをするためである。それ以外の時間は、さまざまな作物の促成に用立てられる。

また、この栽培スケジュールでは、７月に３つの温床がまとめられて、晩秋までトマト、インゲンマメ、サヤインゲンが栽培されるとなっている。そして、その後に温床を再度三つに分けて、それぞれにガラスを張り、作物が冬を越すのを助けて、春に最初の収穫を迎えられるようにする。温床フレームを使うことで、露地野菜より２～３週間早く収穫することができる。秋には栽培期間を延ばすことができる。つまり、温床フレームを使うことで、露地栽培に比べて野菜の品質を落とさずに、栽培期間を大幅に延長することができるのである。以上、野菜作りについておおまかな説明をおこなった。経営効率の基本でありながら、まだ十分に注目されていない考え方に光を当ててきたと考えている。

まとめ

> 移住就農――それは新しい真の農民階級の基礎であり、共同社会の健康、一体性、強さの源泉である

計算された数値資料に基づいて説明することでその手順の正しさを証明することは、本書では意図的に断念されている。このことは、いったん数値が決まると、それを移住就農のすべてのケースに厳格かつ冷酷に適用することで、移住就農の実践に際して正しくありえない計算をしてしまうことになり、それは大きな問題であるからである。

土壌管理の基本である気候、立地条件、土壌は、よくよく調べてみると、同じ経済圏でも根本的に異なることが少なくない。それらの栽培、施肥、植物の成長、収穫結果に与える影響は、それらを考慮する

ことによってしか健全な数学的基礎を得ることができないことを明確に示している。したがって、移住就農の意思を実行に移す前に、バイオダイナミック農法の経験に基づいて、開拓する土地の調査を行う必要があるのである。

国民経済の立て直しには、健全な土地経営という確固たる基盤が必要であるとの認識が広まりつつある。しかし、そうした再生は、農業の大きな債務負担からの救済だけでは実現できず、自己完結型の経済という生命体の問題であることを十分に理解することが求められる。耕作者は、自分自身の基本的な要素である土壌との完全な一体性を感じとらなければならない。そして、現代および最近の過去において、農民層を人々のための食料生産階級ではなく、金儲けのための産業とみなしてきた投機的な態度から解放されなければならない。この点での変化がない限り、農民層は期待される公衆の健康、一体性、強さの涸れることのない源泉にはなりがたいであろう。

ここに移住就農の最高の任務が生まれる。それは、自分自身とその子孫のために生活の基盤をつくる新しい本物の農民層への道を開くことである。しかし、移住就農者といっても、今日の生活苦が生みだしたクラインガルテン、郊外の移住農場、副業的移住者、つまり小規模移住就農者と、専業的な移住者、つまり集約的・農民的移住者とは、基本的に区別されなければならない。集約的・農民的移住就農者だけが、精神的にも肉体的にも完全に仕事に打ち込むことによって、緊急に要求される真の農民層としての基礎を築くことができるのである。そうすれば、創造的な個性がすべての活動において発揮され、農場は自らの個性を表現するものとなるのである。

土壌とそれに関係するすべてのものへの深い理解は、新しい農民文化を徐々に生み出し、それは、本質とは異質の方法によって農業的有機体が崩壊して、自然に干上がらざるを得なかったところのものを再生させることになる。問題はそれにとどまらない。過去がいやおうなしにきわだたせているのは、まず第一の基本となる健全な土壌管理が、新たな健全な土壌文化の源泉を開くことに貢献しなければならないということである。

東部の移住就農予定地が、成熟した専門知識と十分な実務経験を持つ有能な就農者によって、バイオダイナミック方式で経営されるならば、そこで懸命に苦労して手に入れたドイツらしさを再生し保存するための切実な防波堤もできるだろう。

移住就農は、正しく理解されれば土地管理の回復とエネルギッシュで創造的な人々の形成をもたらす現実的な方法であり、最終的にはドイツ精神がまだ達成しなければならない課題を共有するものである。

ルドルフ・シュタイナーは、人智学において新しい知の分野を開拓し、これまでの知を深化させた偉大な研究者であるが、その著作『ゲルマン魂とドイツ精神』において、ドイツ精神の課題を特徴づける深い感銘を与える戒めを与えており、これが本書の精神的基礎になっている。

「ドイツの精神は、世界の成り立ちのなかで
創造すべきものを完成させてはいない。
それは希望に満ちた未来への思いに生き、
生命に満ちた未来に期待する。――
その存在の深みで、まだ十分に働くことが
求められる力強さを感じている。――
敵の力のなかで、生命が姿を現すかぎり、
その終わりへの欲望が理解されずに復活してしまうとは。

そのおかげで、それは本質的な根源で創造し続けるのだ！」

［付録］図６　H. オルブライト移住農場（ブレーメン）

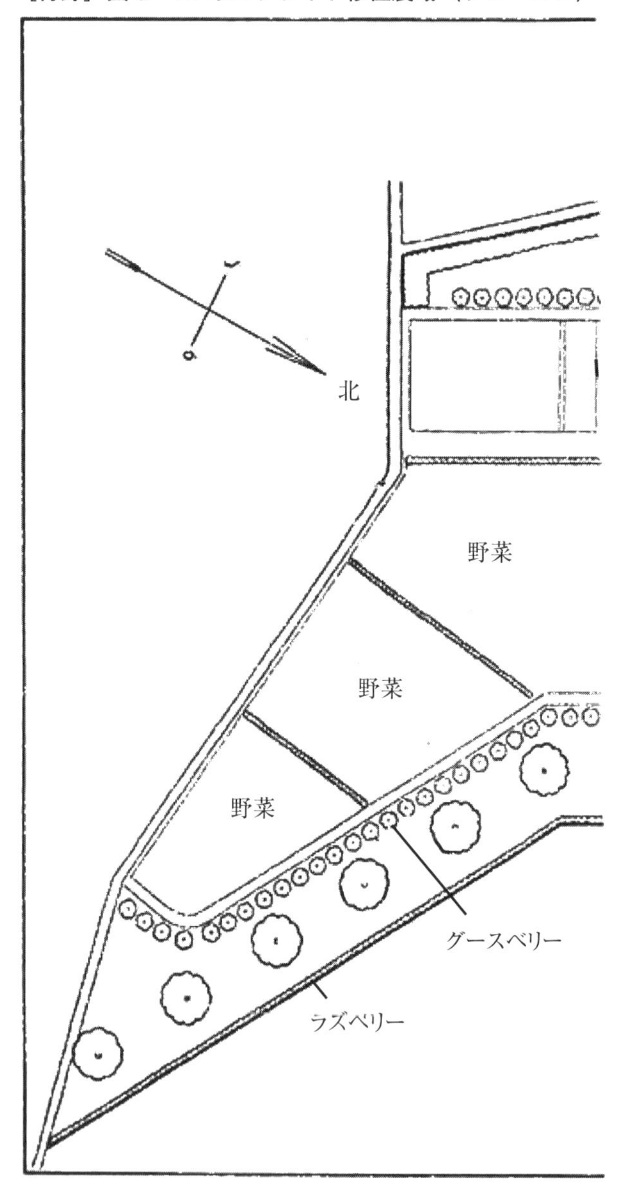

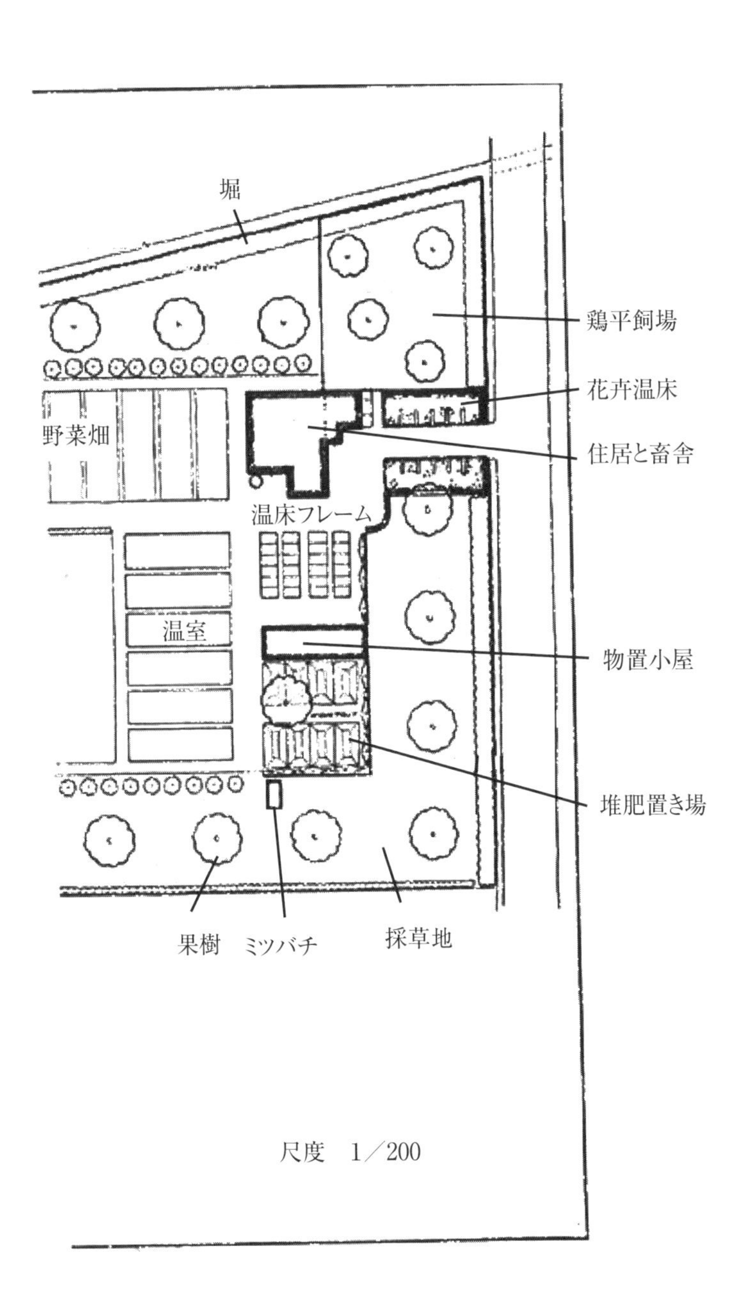
堀
鶏平飼場
花卉温床
野菜畑
住居と畜舎
温床フレーム
温室
物置小屋
堆肥置き場
果樹
ミツバチ
採草地
尺度 1／200

［付録］図17　４戸の近郊移住農場の基本プラン
（ブレーメン近郊オイテナー湿原）

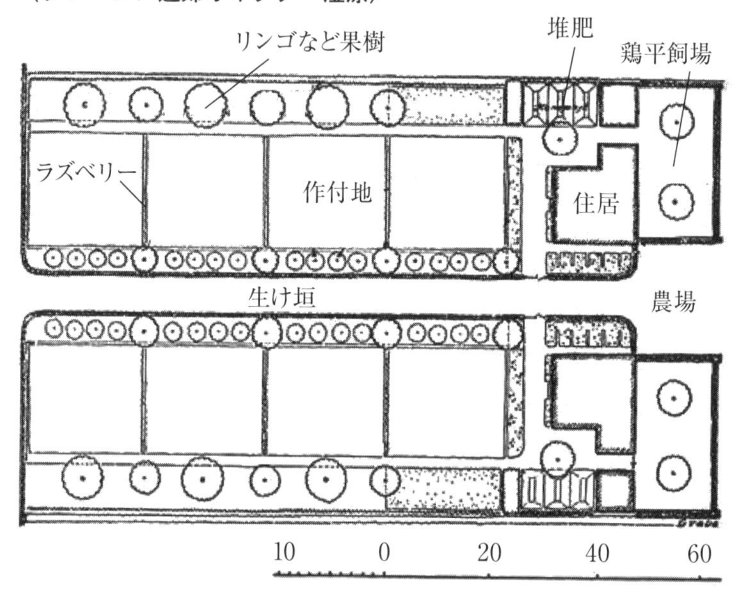

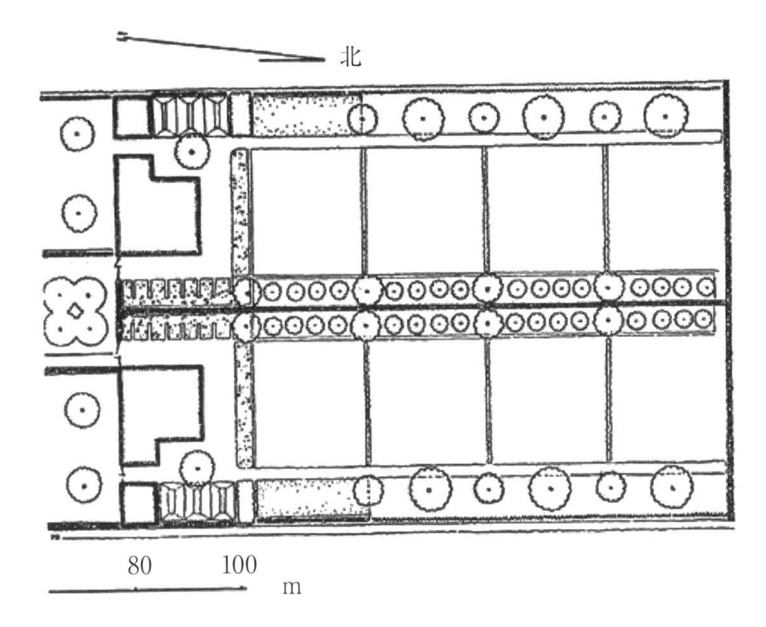
北
80
100
m

［付録］図18　規模の大きい主業移住農場の基本プラン
（ブレーメン近郊オイテナー湿原）

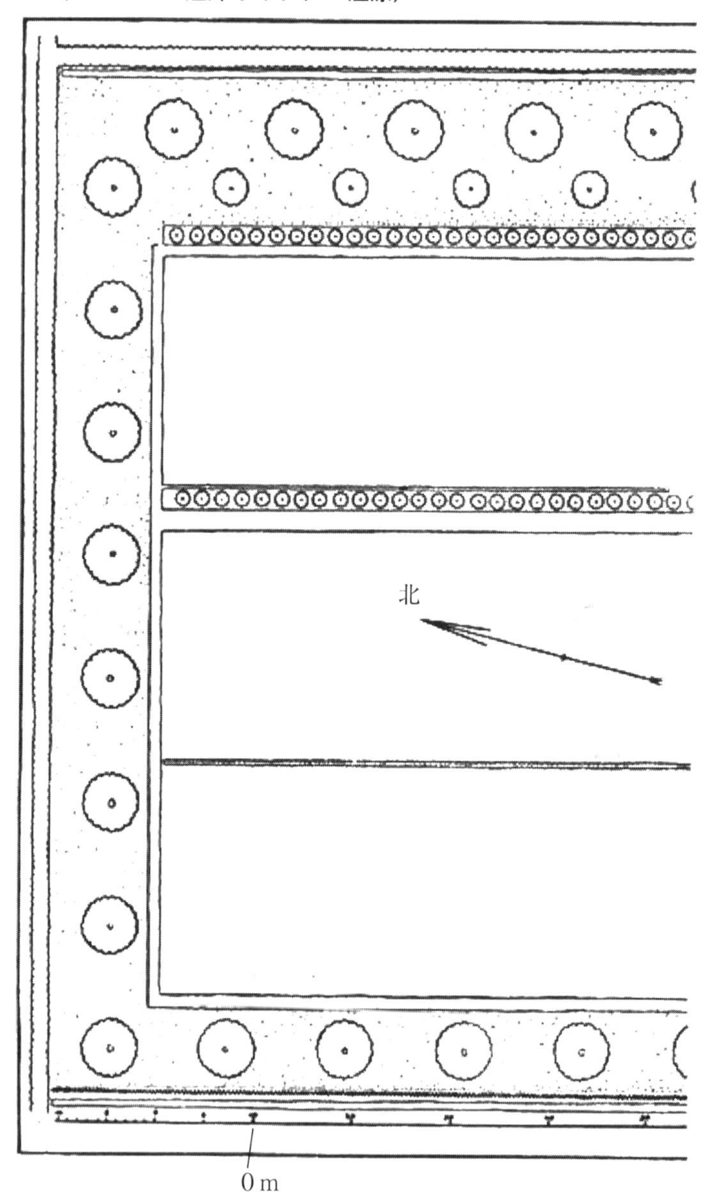

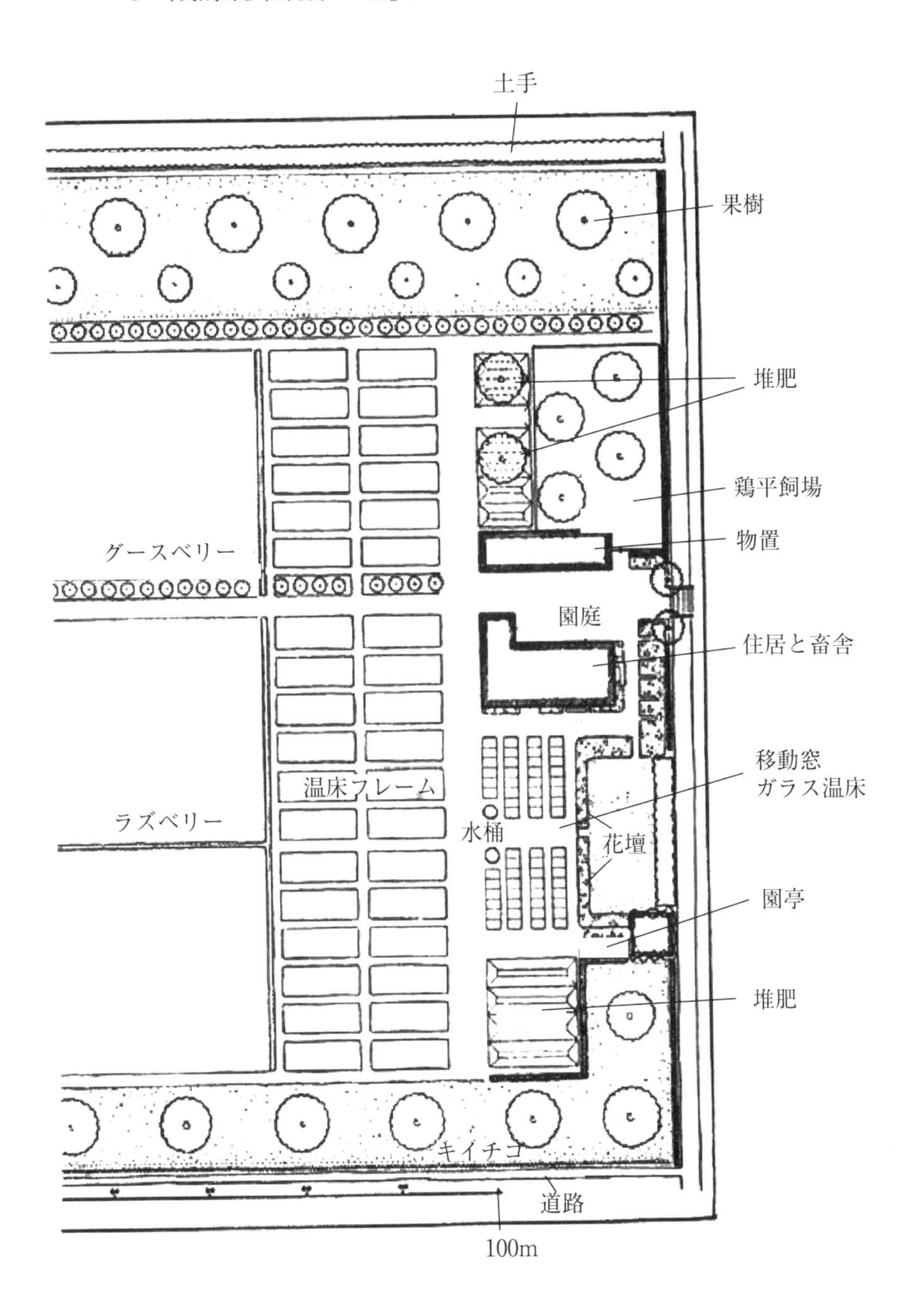
土手
果樹
堆肥
鶏平飼場
物置
グースベリー
園庭
住居と畜舎
移動窓
ガラス温床
温床フレーム
ラズベリー
水桶
花壇
園亭
堆肥
キイチゴ
道路
100m

［付録］図19　移住農場エリアの基本プラン（ブレーメン近郊オイテナー湿原）

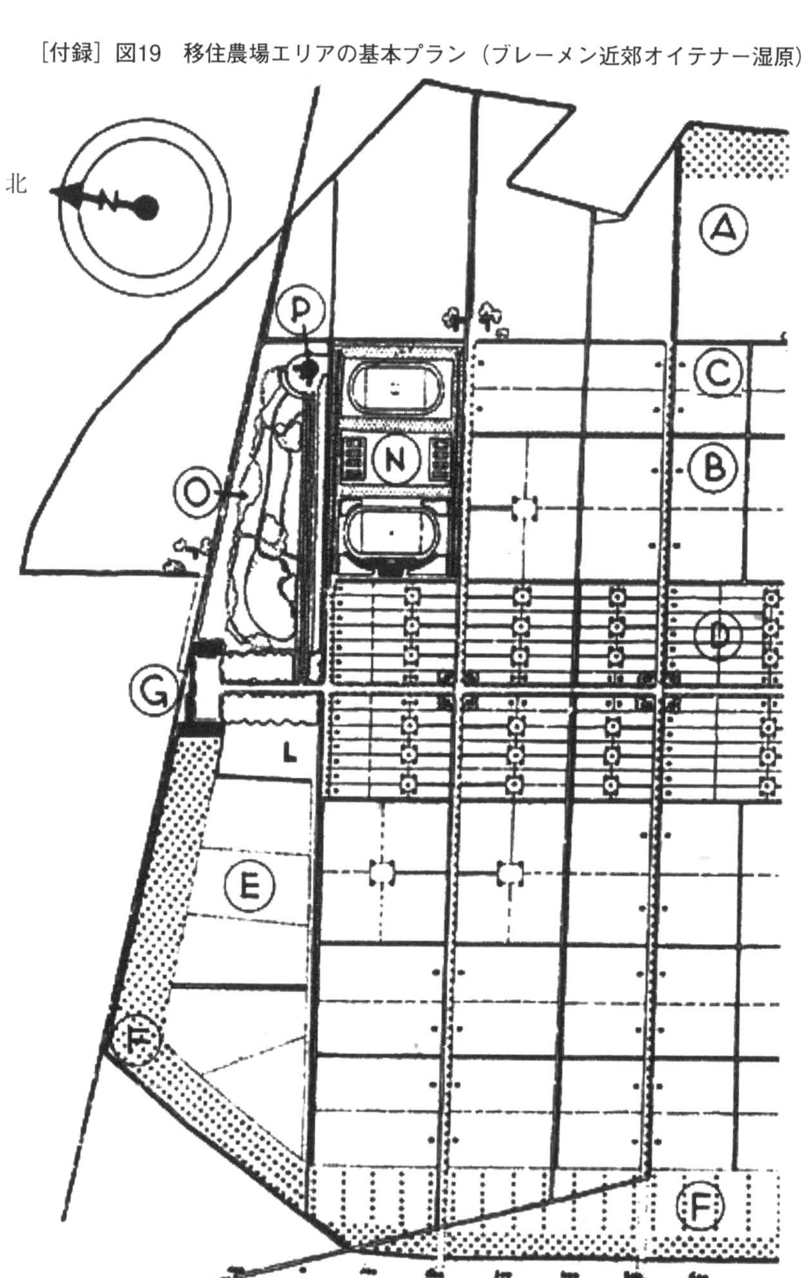

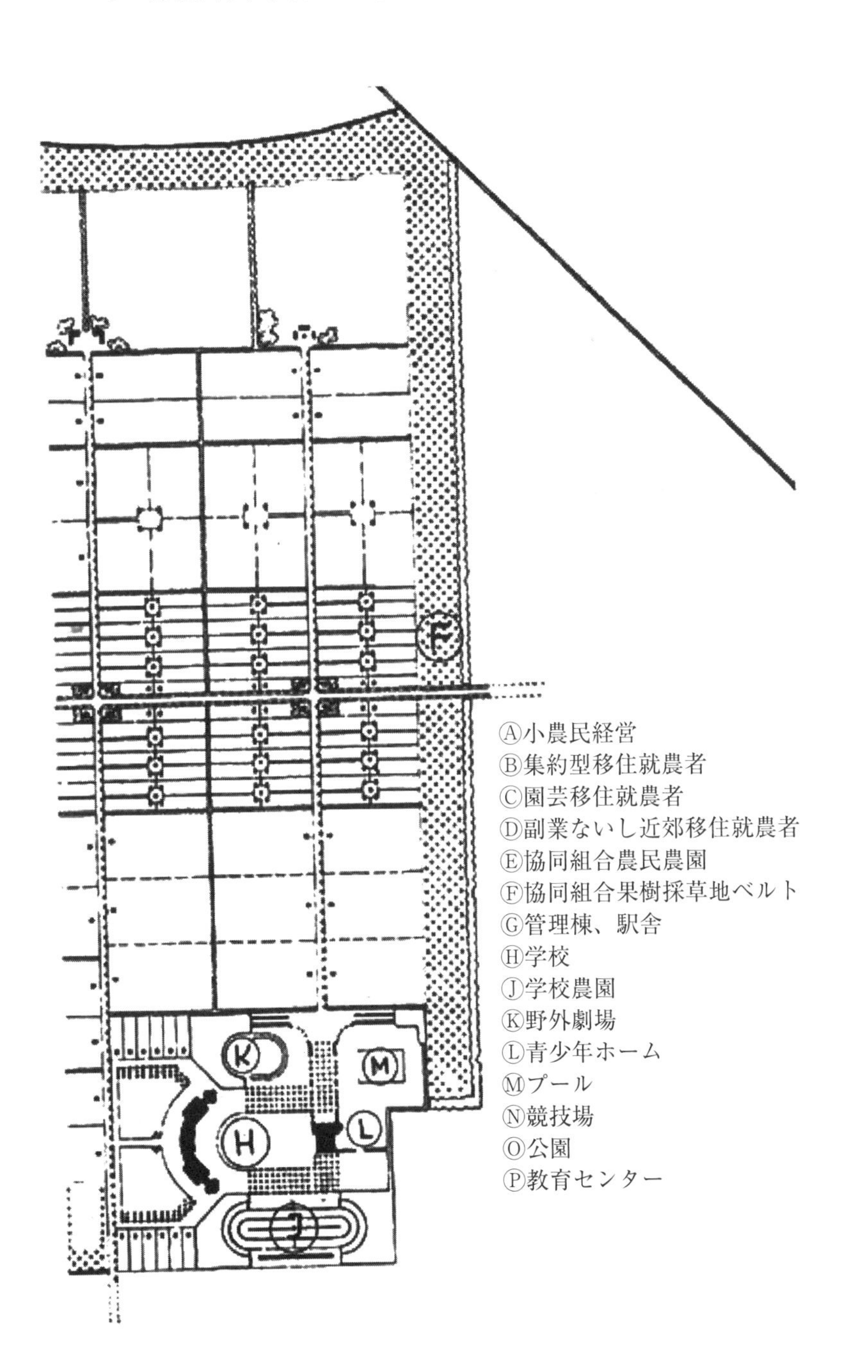
F
K
M
H
L
J
Ⓐ小農民経営
Ⓑ集約型移住就農者
Ⓒ園芸移住就農者
Ⓓ副業ないし近郊移住就農者
Ⓔ協同組合農民農園
Ⓕ協同組合果樹採草地ベルト
Ⓖ管理棟、駅舎
Ⓗ学校
Ⓙ学校農園
Ⓚ野外劇場
Ⓛ青少年ホーム
Ⓜプール
Ⓝ競技場
Ⓞ公園
Ⓟ教育センター

Ⅱ
『ゲルトナーホーフ
優れた農民と園芸家のための移住就農の目標』

マックス・カール・シュヴァルツ著

（1946年）

DER GÄRTNERHOF

EIN SIEDLUNGSZIEL
FÜR TÜCHTIGE LANDLEUTE
UND GÄRTNER

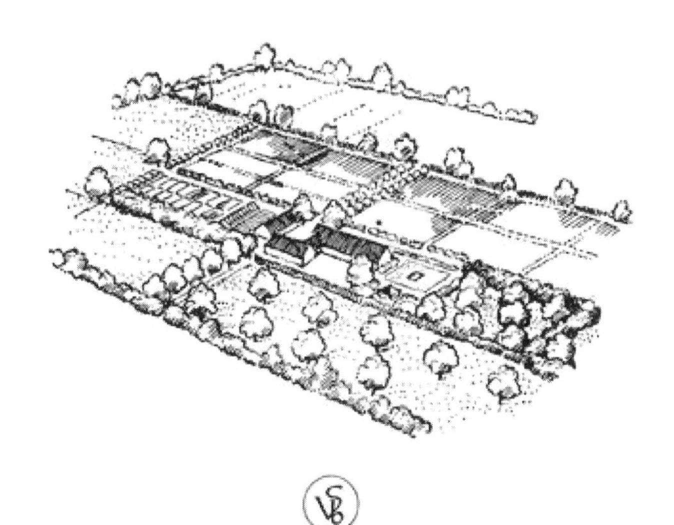

VSB

VERLAG BR. SACHSE · HAMBURG

ゲルトナーホーフの本質――その立地と担い手

敗戦で生まれたのは貧困化した国民であった。大都市は壊滅し、工業は破壊され、あるいは閉鎖されている。多くのドイツ人が生活の基盤と住居を失った。残る道は土地耕作と、国内での開拓である。長年にわたる農村からの人口流出によって疲弊した生活空間に再び移住して、土地を耕す者が埋めなければならない。人が不足してまともに耕されていない土壌が、今後、国民が生きていくには最高の収穫を生み出さなければならないのである。この二つは、農村への移住就農なしには達成されがたい。もし、新たな荒廃を避けるには、耐え難い状況を変えようとする力を計画的かつ秩序だったコースに導くことが、今、重要であることが時機を失せず認識されるにちがいない。純粋な住宅団地についてはここではふれていないが、さまざまなタイプの農村への移住就農のやり方が並存し、いずれもその正当性が主張されている。小規模の移住就農は、それが小面積の土地でより多くの人々が働くことができ、さらに他の人々を養えるならば、すなわち土地耕作と生産を高めることを目的とするならば、農民の移住と同様に必要なものとすることができる。多様な移住就農の形態が、その立地条件にふさわしく混在していることが望ましい。その意味で、ゲルトナーホーフ（移住就農農場）はそのためのひとつの手段でありうるであろう。

ゲルトナーホーフは非常に集約的かつ多様な方法の野菜・果樹園芸と、大小の家畜飼育で、その家族の食料の自給を確保したうえで、持続的に市場に出荷する小規模経営である。現在では、小規模な農民経営から多様な園芸経営への組織上の移行はまだ行われていない。ゲルトナ－ホーフがその中間的な位置を占めており、それは園芸家的なそして農民的な性格を同時に持つ農耕の一形態である。

ゲルトナーホーフが立地するのは、都市に密接した食料供給源として新しく開発されたまとまった園芸団地や郊外である。

第一に、都市に近いことがゲルトナーホーフの立地条件である。今後、都市近接地域、すなわち都市に近く交通の便が良い地域で、生鮮野菜、果実、牛乳、鶏卵などを優先的に供給する地域を、都市有機体の緑の中に統合することが必要である。そうした都市景観では、家庭菜園、クラインガルテン、小規模な移住就農による自給住民の土地が、商業園芸業エリアと混在しており、そこではしだいにゲルトナーホーフが優位に立つはずである。そのようにして都市化の過程でしょい込んだ食料の喪失を、都市に近い食料生産に向いた土地での園芸栽培で補うことができる。それに加えて、必要に応じて開墾が可能な荒れ地や泥炭地をゲルトナーホーフの立地場所として検討できる。ゲルトナーホーフでは市場での確実な販売を保証し、協同組合活動の利点を活用するために、同様の経営を大きなグループとしてまとまった栽培地域とすることが必要である。都市郊外では、穏健な土地改革によって小面積の土地でもゲルトナーホーフとして有効活用することができる。野菜苗栽培をやることで、まだ成長が可能な農民経営の畑作野菜生産に組み込まれれば、永続的に生計を立てることができるだろう。

ゲルトナーホーフの立地場所を適切に選択して景観に組み込むには、地域計画プランナーだけでなく、景観デザイナーも当初から参加する必要がある。今日の文化的景観は、今後、新たに生まれる多くの移住就農経営によって再形成されるであろう。また、生け垣や果樹を配したゲルトナーホーフは、景観を細やかにし、防風効果を上げ、現在の森林破壊による土地のステップ化〔ステップは半乾燥気候下の樹木のない草原地帯〕にも対処するものである。

ゲルトナーホーフの担い手としては、東部からの避難民、農民や園芸家の子弟、農業労働者、そして生活の糧を失った都市民たちである。このリストはすべてを網羅することを意図したものでもランキングを意味するものでもない。自立したいという移住就農者の個人的な適性と意志による。農村出身であることも、クラインガルテンを慈しんでうまく経営してきたことも推薦の材料になる。原則として、研修用園芸農場での実習や新設のゲルトナーホーフでの共同作業を通じて、幅広く高度な知識と技術を確実に習得していることが求められる。ゲルトナーホーフに移住することは、十分な準備がないままの「田園回帰」ではなく、かつての農村生活や放棄した都市生活と比較して新しい生き方や職業形態を勝ち取ることである。ゲルトナーホーフでの労働は、とくに活発な精神、熟練した職人技、組織的な才能、自然や植物、動物への献身が要求される。現代の技術的・科学的知識の応用が農民のもつ基本態度と組み合わされている。

果実や野菜の集約栽培にとっての自然条件──気候、水、土壌

野菜や果実の集約栽培は、他の作物生産と同様に、気候、水、土壌などの自然条件と結びついている。

ここでの提案が主な対象とするドイツ北西部の広域気候は、海洋の影響を受け、気温の季節的変動や日較差が比較的小さい。また湿度が高く、降水量が豊富であって、野菜や果実の栽培そのものには理想的な環境である。ただし局地的な気象条件に対処して最高の作物収量を得るためには、ゲルトナーホーフの建設と運営では、今日必ずしも十分に評価されていない特別な努力が求められる。乾燥風からの保護、露の形成の促進、土壌中の炭酸を保持するための孔隙、生け垣、葦や藁マットによる寒冷保護、光や熱の獲得、樹木・かん木の障壁、果樹やベリー類の生け垣の配置、適切な斜面の選択、ヒマワリ、トウモロ

コシ、ソラマメ、エンドウ豆などの付属的な作物をうまく配置して、作物栽培用地を得ることなどである。これらは生育を促進する効果的な手段であり、現在では限られた規模でしかできない温床フレームや温室でのガラスと暖房による人工気象を補う優れた方法である。これらには土堤や畝立て栽培なども含まれる。

また、局地的気象に対処する上記の方法は、大気の湿度と土壌水分の維持を目的とした精密な水管理対策にもなる。灌漑設備は集約栽培ゾーンのガラス温室だけに限定できる。

園芸農民が最初から自分の要求を完全に満たす土壌を見つけられるのは、ごくまれなケースである。移住就農を推進する公的機関や移住保証人が認識すべきであるのは、「スタート時点での生煮え」を避けるうえで、移住就農者にとって最も重要な資源である土壌を最高の性能に引き上げるための配慮が十分とはいえないことである。家を建てることよりも重要なのは、移住者の農地の土づくりである。最初は地力を上げる作業が必要である。硬質粘土、粘性の高い粘土、やせた砂壌土、無生物性の湿原などの偏った土壌条件では土壌改良が必要であって、そのためには、都市からのコンポストやれんがくずの他、汚泥、白泥炭、沼沢土、泥灰岩、粘土、各種岩石・鉱滓屑など、どこでも手に入る自然の土壌素材が重要である。高い土壌改良費も、食料供給源の拡大であるならば経済的に正当化されよう。後述するように、この形態の農業の高い集約度を考慮すれば、民間経済の観点からしても通常、これらは許容されるものである。

施肥－都市廃棄物の処理－混合栽培

土壌改良は肥料問題に関係する。園芸用土地利用の集約度は、利用可能な肥料の量に規定されている。一年に何種類もの作物が収穫される土壌の健全性を維持するには、十分な有機質肥料が必要である。土壌の腐植バランスを保つためには、計画的な土づくりが求められる。農業の新しい知見によって、土壌管理の要である厩肥の存在意義が明らかになるにつれて、今後、厩肥はこれまで以上に市場に出回らなくなると思われる。したがって、園芸農家は自分で動物を飼育し、発生した厩肥を堆肥化したうえで、それを頻繁に細かく散布し、また利用できるすべての家庭ゴミ、野菜くず、その他のゴミを慎重に堆肥化するとともに、輪作に緑肥作物（マメ科）を含めるなどの自助努力をしなければならない。堆肥の細粒化とは、耕起や播種の直前に、活性化して細かく砕いた厩肥や厩肥入り堆肥を少量、土壌の表層に撒くことを意味し、植え穴や畝間に撒布することが最適だと理解されている。このようにして市販の肥料が時期的に不足しがちな状況にうまく対応することができる。都市の食料供給エリアになるゲルトナーホーフにとって、包括的かつ整備された都市廃棄物管理システムは大きな助けになる。家庭ごみ、野菜市場や食肉処理場の廃棄物、道路清掃や有機物由来の産業廃棄物などの都市廃棄物の土壌改良効果は疑う余地がない。そうした廃棄物の利用では、現在では農業利用が他の利用法よりも優先されている。もちろん、それには適切な処理が不可欠である。土壌に有害な物質をいっさい含まない肥沃な堆肥を作るための試行錯誤が繰り返されている。都市のコンポストは温床フレームの加熱にも適している。それは野菜や果実を集約生産にふさわしい価格で大量に生産することが可能である。ゲルトナーホーフの誕生は、都市の食料供給エリアであれば、都市コンポストの供給によってかなり促進されるであろう。

現代の林地経営では樹木の多様性が、また進歩的な耕種農業では適合する作物の混作が、土壌と植物を健康に保って高収量を可能にする手段として認識されている。ところが、親和性のある野菜種類の混作についてはまだほとんど知られていない。これまでの実践が証明しているように、もしそれが行われれば、土壌や植物にダメージを与えることなく最大の収量をあげることができる。そうした栽培方法は余分な労力が必要であるが、それは市場での販売価格が高いことによって、また何よりもあらゆるモノカルチュアに多かれ少なかれつきまとう高価な殺虫剤が不要であるという事実によって埋め合わされるのである。土壌、土壌改良、施肥の問題は、ゲルトナーホーフの規模、家畜飼育、その他農場の設備の問題につながる。

ゲルトナーホーフの特徴とその施設――経営規模、気候条件と家畜飼育

ゲルトナーホーフの農場規模は、その立地や土壌の性質、利用できる労働力によって２～３haとみられる。ゲルトナーホーフは小さすぎてもいけないし、また原則として大きすぎてもいけない。

ゲルトナーホーフの規模が2.5haで、８人までの食料自給を目的とする場合には、以下のようになる。

0.5ha＝集約的野菜畑とかん木果樹およびベリー類
0.25ha＝露地野菜生産（早生ジャガイモを含む）
0.5ha＝穀物畑でトウモロコシ栽培と飼料用間作を含む
0.125ha＝晩生ジャガイモ
0.25ha＝テンサイ、飼料用テンサイなどの飼料用作物と主作物としてのマローキャベツ
0.375ha＝採草地
0.375ha＝永年放牧地で標準的な果樹の散在
0.125ha＝農場内小道、広場、建築地、溝、生け垣など
合計2.500ha

通常このようなゲルトナーホーフでは、牛２～３頭、羊２～４頭、豚２～３頭、鶏10～30羽、アヒルやガチョウ３～６羽、ミツバチ４～６群が飼育されている。農場規模は家畜飼育にふさわしい。差し迫って必要な肥料のために最初から牛２頭、豚２頭、雌羊１頭を飼うことである。

ゲルトナーホーフの運営は、自己完結した生命体としてとらえられるべきである。それを支えているのは、農場内部で物質と力の緩やかな螺旋状サイクルである。このプロセスは、農場がその要素の有意義な秩序のもとにある時には邪魔されることなく進行する。そうした要素とは、調整された気候、生きた土壌、水、厩肥と堆肥などであって、それらは多面的に管理され、空間的にも適切に植物が土地を覆った（混作）農場の構造にふさわしい家畜飼育を前提にしている。これらの要素が互いに連携することで、農場は継続して肥沃度を維持し、その結果、経営の安全性と危機に対する抵抗力を確保できるのである。

設備と労働力

ゲルトナーホーフの設備は、オランダ式のガラスを使った温床フレーム、移動窓ガラス温床、育苗ハウス、灌漑システム、電動牽引装置または園内軌道で構成されている（付録図を参照）。

温床フレームは徐々に100床まで拡張していくと良い結果が得られる。移動窓ガラス温床は、最大300箱まで拡張可能である。移動ガラス箱は霜や低温から作物を短時間守るもので、本来の品質にはほとんど影響しない。ワンシーズンに最大６種類の作物を栽培できるよう、規則正しいスケジュールが組まれる。これにより、春と秋の成長期を伸ばすことができる。育苗ハウスは自農場や近隣農場で必要な苗を育てるために使用される。幼苗を育てた後には、その中でキュウリが栽培される。育苗ハウスはゲルトナーホーフの建物の一部とすることもでき、出入り可能なマルチボックスとして設置することもできる。

水が空気で温められるような灌水システムは、いわゆる育苗ハウスにしか必要ない。手押しポンプや電動ポンプで作物に水を撒くことができる桶があれば十分である。

ゲルトナーホーフで必要な牽引力のために馬を飼うことは経営的には難しく、十分な飼育ができないだろう。おそらく牛による耕耘、ないし耕耘・播種・除草を同時に行うことのできる電動牽引装置も考えられる。そうした設備がない場合でも、農場内に鉄軌道が敷設され、その一部は軽量鉄軌道のような農場内軌道システムがあれば、人力で十分である。これらの設備はすべて、経営の経済性を大幅に向上させるものである。

これらの設備は、協同組合の形で組織されたゲルトナーホーフ組合が提供することが原則である。それには選別機、果汁搾汁機や保存プラント、野菜・果実の越冬・貯蔵室などが含まれる。組合はまた、牽引・掘取り・耕耘機、溝掘り機、液肥散布機、地均し機、堆肥化機、脱穀機、ジャガイモ収穫機、製粉機、飼料乾燥機、播種機、肥料散布機などの器具を所有して、個々の経営が自由に使えるようにする。

購買協同組合としてのゲルトナーホーフ組合は、個々の農園に必要な包装容器、土壌改良剤、種子、小器具、ガラス、マット、針金などを供給することができる。同時に、園芸農民を市場出荷につなぎ、会計業務から解放するための販売組合にもなる。さらに協同組合が移住を担い、ゲルトナーホーフを建設することも考えられる。とくに、協同組合の機能として、地域社会の援助を速やかに組織化することもできる。これによって、スタート時点だけでも、大型農機具をより有利に使うためのグループ経営によって、農業用地の一括管理が可能である。また、優秀なアドバイザーを確保することができ、そのアドバイザーの働きによって、移住者グループのさらなる発展が期待できる。よく管理された組合は、最終的に移住者間の人間的、精神的なつながりを生み出し、文化的な事業にも貢献するはずである。

２種類のゲルトナーホーフの設置が考えられる。ひとつは、簡単な装置だけでスタートする方法で、温床フレーム（約30）と三つの移動窓ガラス温床（72）など、いずれも霜や低温などの微気象改善のための補助装置をふんだんに使ったもの、いまひとつは、育苗ハウス、移動窓ガラス温床、園内軌道システム、加工施設など、より集約的な設備を備えたものである。今日の状況からすれば、既存の農場を発展させたものでないゲルトナーホーフは、当初は簡単な設備があるだけで、しだいに高度な設備が導入されるものである。もちろん、最初から高いパフォーマンスを発揮することは可能である。ゲルトナーホーフは常に家族経営の農場であるべきである。労働力は家族員である。0.5haの畑に野菜や果実を露地栽培するゲルトナーホーフでは、ガラス温床を含めると、これに約2.5人のフルタイム労働者が必要である。さらに大小の家畜の世話を含む農業用地には２人必要なので、１haの土地に1.8人が割り当てられていることになる。しかし、これは一般社会では当たり前の１日８時間労働ではとうていやっていけない。家族労働力を十分には確保できない場合には、園芸農場の志願者をその労働者として考えることができる。省力化の理由から、地域的にまとまっているなら、ゲルトナーホーフ組合の農機具で共同耕作を行うことも可能である。同じ理由から、労働節約的農機具の利用、たとえば耕耘機、除草機、地均し機、播種機、肥料撒布機、そして園内軌道も検討すべきである。そのうえで、とくに重要なのは綿密な栽培計画に沿って、注意深く土地を利用することである。もちろん、適切な作業

（必要であれば土壌改良）によって良好な土壌状態になれば、耕地での重労働はかなり軽減される。

農場の空間的配置

ゲルトナーホーフの建物を中核とする農場の全体は、面積が限定された栽培ゾーンに分けられる。ゲルトナーホーフの建物に隣接して、まず集約栽培ゾーンがある。それに続くのが大規模栽培ゾーンである。残りは粗放栽培ゾーンである。この順番は、土地利用の密度が異なるためであって、農場建物の周辺が最も集約的で、労働力と保護措置の投入がとくに必要となるゾーンである。

集約栽培ゾーンは、温床フレームや移動窓ガラス温床、厩舎、鶏舎、若い牛の放牧地、養蜂場で構成されている。ここでは、苗の育成、野菜・果実の促成・抑制栽培、高級野菜栽培、家畜の育成・飼育などに利用されている。

量の多い野菜の一部や、イチゴ、ルバーブ、果実の栽培は、集約的に利用される野菜園と、うまく配列されたかん木果樹とベリー類用地で構成されており、それは大規模栽培ゾーンに配置されている。

農作物の栽培はすべて粗放栽培ゾーンにある。飼料作農地、適度に分散した高木果樹がある永年野菜農地、採草地、ジャガイモ圃場、穀物圃場などがここに集まっている。

ゲルトナーホーフの事例

ゲルトナーホーフの二つの事例を示そう。

北ドイツゲースト〔北海沿岸の乾燥した砂地〕にある農場と、同じく北ドイツマルシュ〔北海沿岸の肥沃な湿地〕にある農場の配置計画（付録図を参照）であって、他の地域についてはそれなりの変更が必要になる。いずれの場合も、建物は地域の特徴や景観に合わせる必要がある。

「ヴォルプスヴェーデ」という住宅タイプは、ドイツ北西部の湿原地帯の住宅と農業用建築の例として、いまひとつはハノーファー郡〔ハノーファーは西部ドイツ・ニーダーザクセン州の州都〕の住宅タイプの紹介である。これらの住宅タイプは、他の地域での建築にも応用が可能である。いずれにしろ、農場経営に負担を与えないように、今の時代にふさわしく、建物の大きさをできるだけ小さくすることが肝要である。

ゲルトナーホーフの経営結果
食料自給と市場への出荷

ゲルトナーホーフは８人ほどの就業者の食料自給が可能である。食用ジャガイモの需要は年間１人当たり400kg〔８人分の合計、すなわち１人当たりでは50kgの誤りと考えられる〕、豚２頭分の飼料用ジャガイモは1.5トンが基準である。パン用穀物については１人当たり年間150kg〔これも８人分の誤りと考えられる〕まで、飼料用穀物については年間500kgまでと見積もられている。また、牛乳、食肉、脂肪、鶏卵、蜂蜜、羊毛なども、飼育している家畜から自給できる。ゲルトナーホーフの市場出荷は主に野菜で、その販売額は今日の価格では露地から6,000RM（ライヒスマルク）※、ガラス温室から3,500RM、果実や香辛料作物、牛乳、蜂蜜、鶏卵、子牛などの販売から、同じく2,000RMと推定される。したがって農場の年間貨幣収入は１万RMになる計算である。

※RM（ライヒスマルク）は、1924年から48年までのドイツおよび戦後西

ドイツの通貨で、西ドイツでは1948年に新通貨DM（ドイツ・マルク）が発行され、１DM＝10RMの割合で交換された。

経営組織の整備

基本的にゲルトナーホーフの建設は、まず農民的な経営方法で始めることが必要である。純粋な園芸農場の場合には、最初の１年間は、食料自給を満足させることに限定される。初年度の負担が少ない農民的経営では、次の園芸の集約度を高めるために土地をよく準備することに力を入れるべきであって、将来の園芸圃場内でのジャガイモやマメ科作物の栽培がとくに望まれる。時間やエネルギーを節約した農民的経営の結果、ゲルトナーホーフの作業の重点は農場施設の整備に移り、とくにゾーニングの設定にともなう生け垣や樹木の植栽、園内の小道づくり、温床設備、堆肥置き場、そして全般的な土壌改良などが主な作業となる。十分な厩肥を得るために、また同時に完全な自給のために、当初から重点が家畜飼育に置かれる。２年目にはすでに、温床フレームや移動ガラス温床を含めて４分の１haの野菜栽培ができるようになる。そして３年目にゲルトナーホーフは完成し、経営的にやっていけるほどになっているだろう。

したがって普通に整備されたゲルトナーホーフでの純利益は約3,000RMになる。この利益は、温床の面積拡大を図ることで、さらに果実の収穫量の増加だけでなく、機械の利用の増加や省力化による栽培面積の拡大でさらに増やすことができる。普通に大きくなった農場の最初の経営結果でも、小さいながらも資金積立てができるだろう。

雇用労賃は比較的高いだろうが、とくにゲルトナーホーフ実習生が労働力として利用できる場合には、それほど高いレベルにはならない。したがって、経費にはまだ一定の余裕がある。

農場建設初期の経営上の困難は、育苗ハウスや温床を利用しての隣接農場のための育苗で容易に克服することができる。近隣には家庭菜園や小規模な移住農園（農地付き住宅)、露地野菜を栽培している農場などがあり、キャベツ、サラダ菜、ネギ、セロリ、トマトなどの細心に育てられた野菜苗の需要が常にある。

最後に、露地野菜の集約栽培を強化し、混植計画を徐々に発展させることができる。図15に示した混植計画は、その一例にすぎない。

一般作物の栽培についても、はっきりした生産力のアップが期待できる。穀物のデムチシンスキー方式による耕地畝立て栽培による集約化は、穀物・飼料作で得られたものよりも相当に高収量を期待できる。

堆肥の投与や、ハローや地均し機によるより集約的な採草地や永年放牧地の管理で、収量が大幅に増加する。

上記の経営計算は、もちろん、あらゆる可能性を利用しつくした時点での状況を想定してのものである。

ゲルトナーホーフの移住就農とその文化的意義

ゲルトナーホーフの移住就農は、自らその発展の道筋を発見しなければならない。そこで考えられるのが、さまざまなバリエーションをもつゲルトナーホーフの理念を純粋に表現したもの、同時に研修ゲルトナーホーフであるものを含めて、模範となるゲルトナーホーフをつくることである。生きた手本は模倣され、事前に予測するのはむずかしいものの、後継者を育成する可能性がある。このため、今では移住就農プログラムにおいて、ことさらゲルトナーホーフをきわだたせる必要はまったくない。最初の事例となる農場の近辺にいくつものゲルトナーホーフをつくり、それらの組合の設立を可能にし、効果的であることが証明されている共同生活と協同の形態をつくりだすことが目的であるべきである。いくつものゲルトナーホーフのグループ移住就農は、手工業者を招き入れ、必要な紡績、織物、籠やマット、木工品などの加工業を育てるべきである。

ゲルトナーホーフの土地の調達は、一般的な国内入植と来るべき土地改革の文脈であつかわれることになる。同様にゲルトナーホーフ移住就農の担当当局についてもここではとりあげない。

この報告書を発表する公益団体ゲルトナーホーフ協会は、ここで展開されたゲルトナーホーフのアイデアをさらに発展させ、その実現に努力することを使命としている。専門家、当局さらに一般市民も興味を持つはずである。ゲルトナーホーフをつくりたいと考えている人は、その支援を受けて当然である。

ゲルトナーホーフがもつ食料政策上、社会政策上の重要性は、これまで述べてきたことから明らかである。同時に、しかしゲルトナーホーフは文化的な意義ももっている。それは土壌や植物そして動物と人とを結びつけ、自然とともに生きることを実感させることができる。大都会では得られない本当の意味での故郷を提供し、人々を移住させることができる。生きた土壌の一部となる喜びは、創造力を目覚めさせ、人生の本質的な価値を理解させる。

土地と結びついた労働の喜びを心の奥底から感じていれば、農村からの離脱はできないものだ。ゲルトナーホーフは自立した労働、自己責任、そして家族全員が参加する家庭生活に埋め込まれた職業である。子どもたちが健やかに育つための枠組みを提供する。この点からも、人間の安らぎをもたらし、創造的な活動のための気分をつくりだし、それだけが新しい文化的創造の基礎を固めることができるのである。ゲルトナーホーフを経営する者は、園芸家であると同時に農民でもあるという多才ぶりを発揮しなければならない。精神的な活力と職人的な技量が要求され開発される。なぜなら、人は自分の所有物から喜びを創造し、自ら行ったことを目にすることができるからである。ゲルトナーホーフには少なくとも理想主義が求められるのであって、それは一方では農民的零細経営に、他方では工業的な特殊園芸農場に陥ることを避けるためである。この理想主義は、結局のところ、健全な有機体として設計された経営だけが長期的に存続することができ、経営者に活力を与えることができるという洞察と確信にある。

【使用・推奨文献】

Becker-Dillingen: Handbuch des gesamten Gemüsebaus. 1943.
Karl Beinert: Der wirtschaftseigene Dünger. Berlin 1938.
Fr. Boas: Dynamische Botanik. München 1942.
»Demeter«, Monatsschrift für biologisch-dynamische Wirtschaftsweise. Jahrgänge 1930-1942.〔バイオダイナミック農法の月刊誌「デメーテル」〕
»Demeter«, Schriftenreihe Band 1-6.
Ludwig Dreidax: Untersuchung über die Bedeutung der Regenwürmer im Pflanzenbau. Berlin 1931.
Fey und Wirth: Der Spindelbusch. Stuttgart.
R. H. France: Edaphon. Stuttgart 1921.
Rudolf Geiger: Das Klima der bodennahen Luftschicht. Braunschweig 1942.
Ernst Hagemann: Aufgaben der Landschaftsgestaltung. Berlin 1942.
Rudolf Heuson: Bodenkultur der Zukunft. Neudamm.
Bruno Hildebrandt: Der ostpreußische Bauerngarten. Berlin 1943.
Friedrich Hilkenbäumer: Obstbau. Berlin 1944.
Albert Howard: Die Erzeugung von Humus nach der Indore-Methode. Berlin 1946.〔アルバート・ハワード：インドア方式による腐植の生産。ベルリン1946年〕
O. W. Kessler und W. Kaempfert: Die Frostschadensverhütung. Berlin 1940.
W. Laatsch: Dypamik der deutschen Acker- und Waldböden. 2.Auflage. Dresden 1944.
O. v. Linstow: Bodenanzeigende Pflanzen. Berlin 1929.
E. Mäding: Landespflege. Berlin 1942.
Melchers und Gerritsen: Kupfer als unentbehrliches Element für Pflanze

und Tier. Wageningen 1944.
L. Migge: Deutsche Binnenkolonisation. Berlin 1926.
Ehrenfried Pfeiffer: Gesunde und kranke Landschaft. Berlin 1942.
Walter Pingel: Schafft Nutzhölzer! Berlin 1942.
H. v. Samson-Himmelstjerna: Die Wasserwirtschaft als Voraussetzung und Bedingung für Kultur und Friede. Neudamm 1903.
Alwin Seifert: Die Heckenlandschaft. Potsdam 1944.
Fritz Scheffer: Die wirtschaftseigenen Humusdünger. Berlin 1939.
– Humus und Humusdüngung. Stuttgart 1941.
G. Scheerer: Fruchttragende Hecken. Berlin 1943.
Johannes Schomerus: Die Bodenabdeckung. Dresden.
W. Schuphan: Biologischer Wert und Hektarertrag von Freiland und Gewächshauserzeugnissen. Berlin 1943.
Max K. Schwarz: Der Bauerngarten. Frankfurt a. d. O. – Ein Weg zum praktischen Siedeln. Düsseldorf 1933.
Dr. Rudolf Steiner: Landwirtschaftlicher Kurs.
Giuseppe Tallarico: Die Wirkkräfte unserer Nahrungsmittel. Stuttgart 1942.
Johann Heinrich von Thünen: Der isolierte Staat in Beziehung auf Landwirtschaft und Nationalökonomie. Jena 1910.〔近藤康男『チウネン「孤立国」の研究』(『近藤康男著作集』第一巻、1974年所収がもっとも詳細な紹介である〕
Heinrich Fr. Wiepking-Jürgensmann: Die Landschaftsfibel. Berlin 1942.
A.G. Wirth: Frühgemüse aus dem eigenen Garten. Stuttgart 1945.
– Höchsterträge durch Mischkultur wahlverwandter Gemüsearten. Stuttgart 1942.

付録

ゲースト（北海沿岸の砂地）でのゲルトナーホーフ

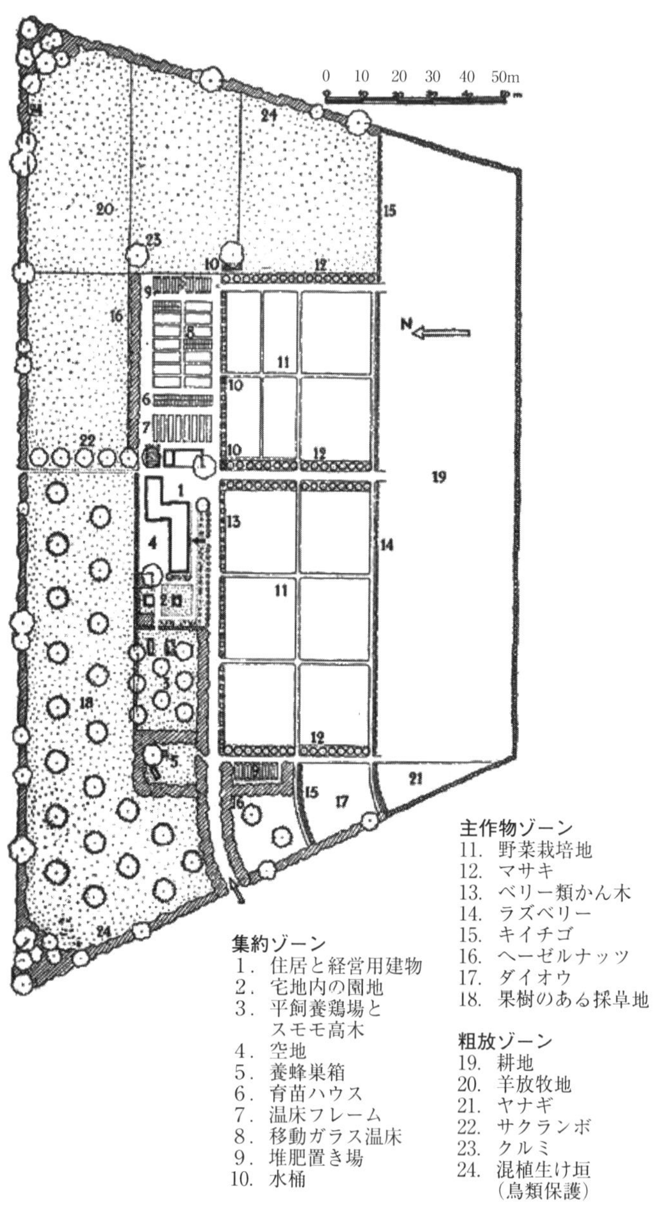

ゲースト（北海沿岸の砂地）でのゲルトナーホーフ

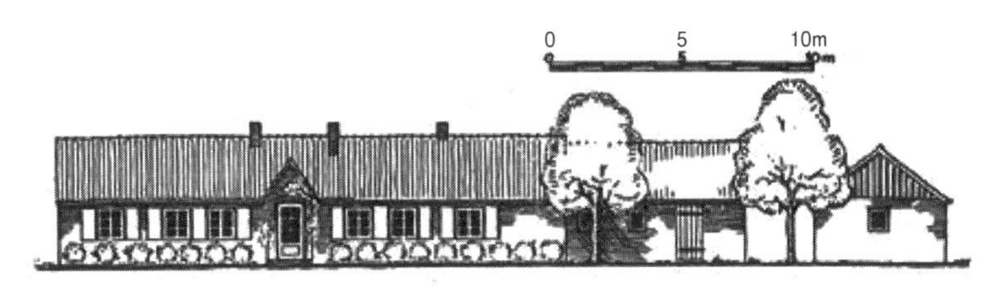

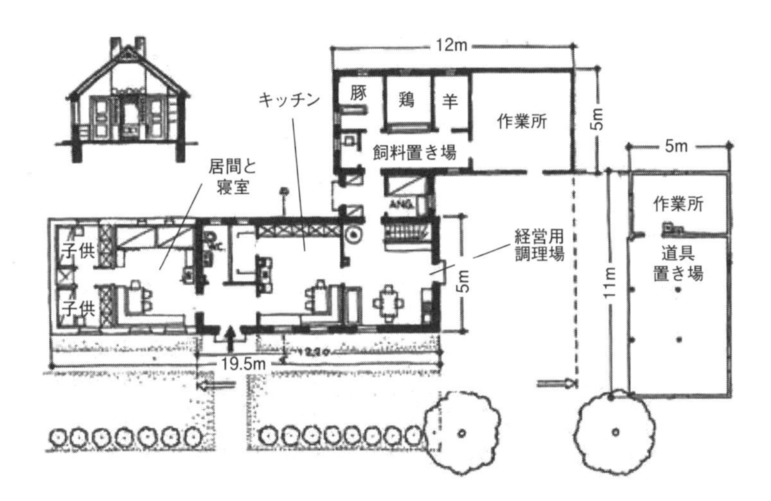

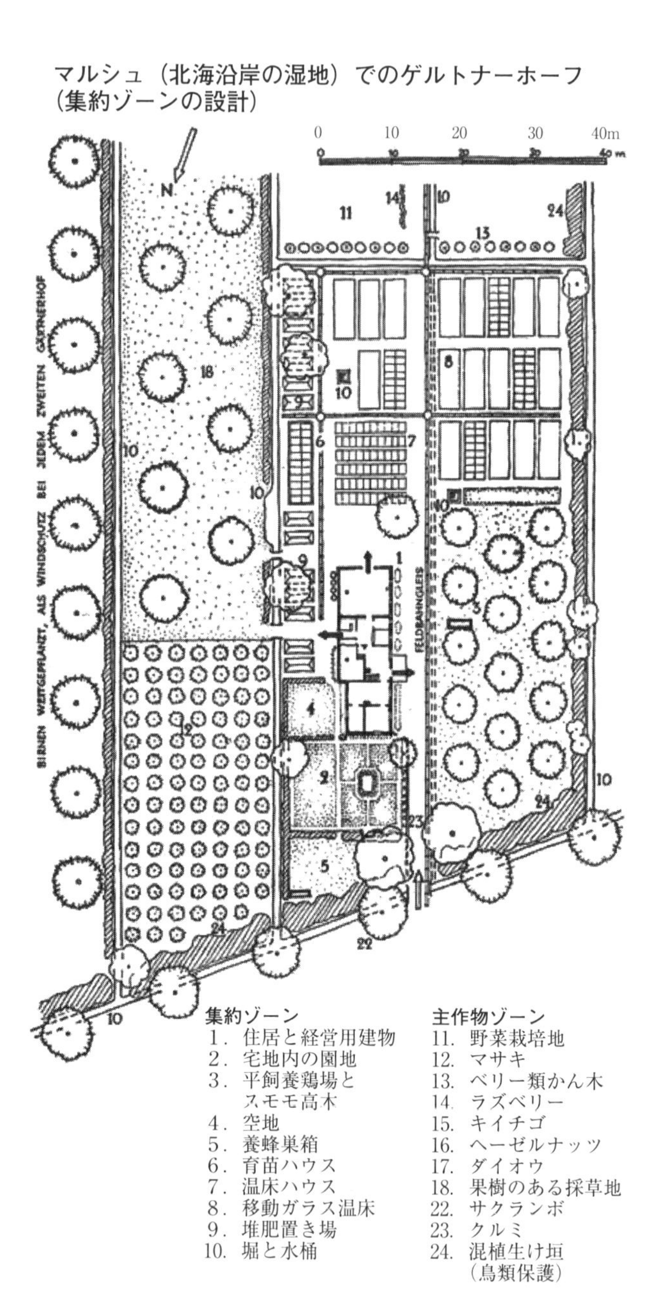

マルシュ（北海沿岸の湿地）でのゲルトナーホーフ
（集約ゾーンの設計）

マルシュ（北海沿岸の湿地）でのゲルトナーホーフ
（集約ゾーンの設計）

全体計画

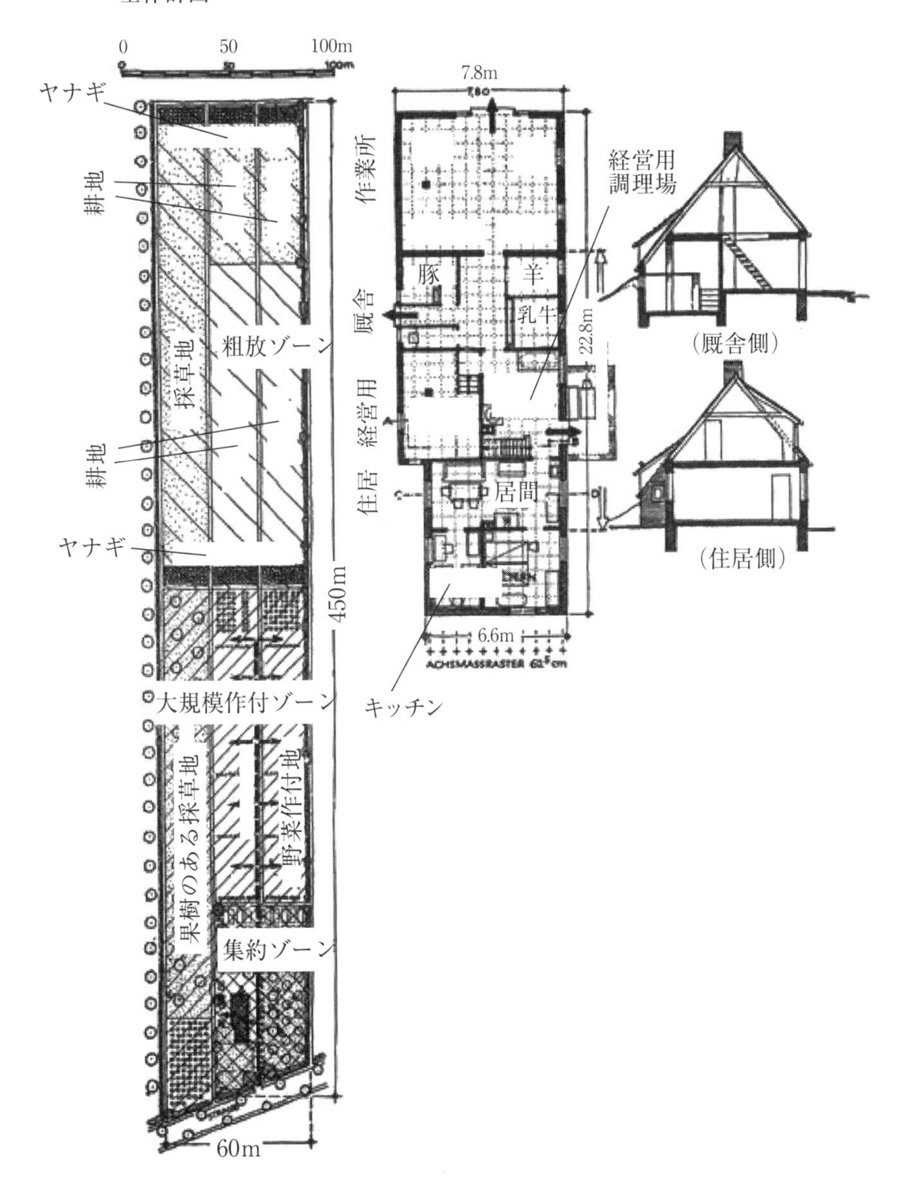

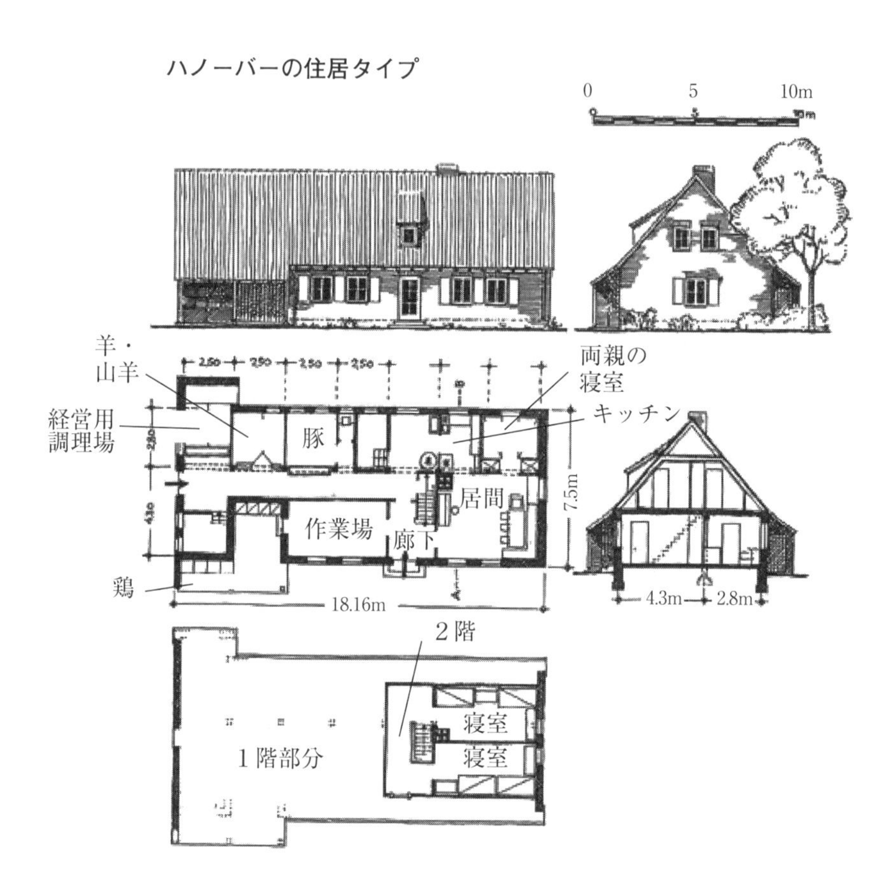
ハノーバーの住居タイプ
0
5
10m
羊・
山羊
経営用
調理場
豚
両親の
寝室
キッチン
居間
作業場
廊下
鶏
7.5m
18.16m
4.3m
2.8m
2階
寝室
寝室
1階部分

堆肥

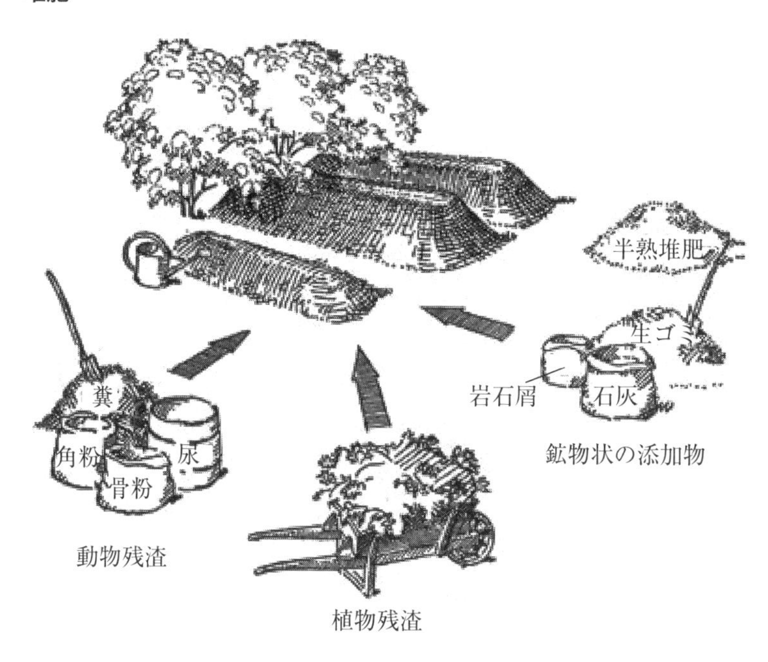
半熟堆肥
生ゴミ
岩石屑
石灰
鉱物状の添加物
糞
角粉
尿
骨粉
動物残渣
植物残渣

厩肥の山

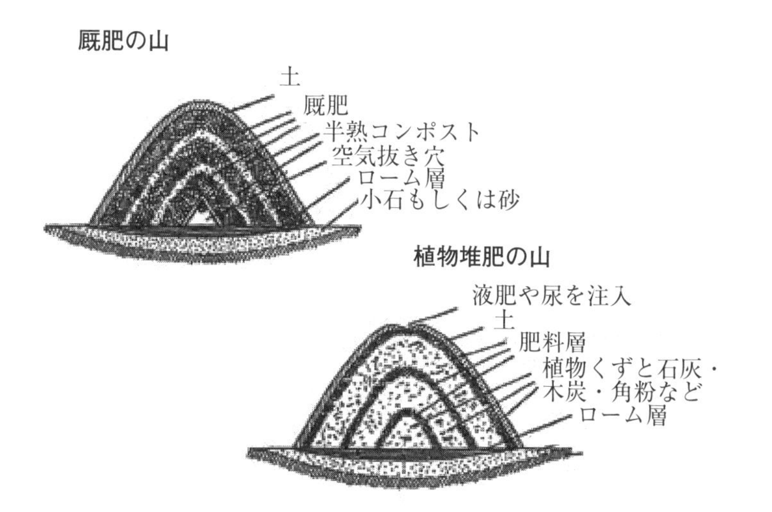
土
厩肥
半熟コンポスト
空気抜き穴
ローム層
小石もしくは砂
植物堆肥の山
液肥や尿を注入
土
肥料層
植物くずと石灰・
木炭・角粉など
ローム層

局地的気象をつくる

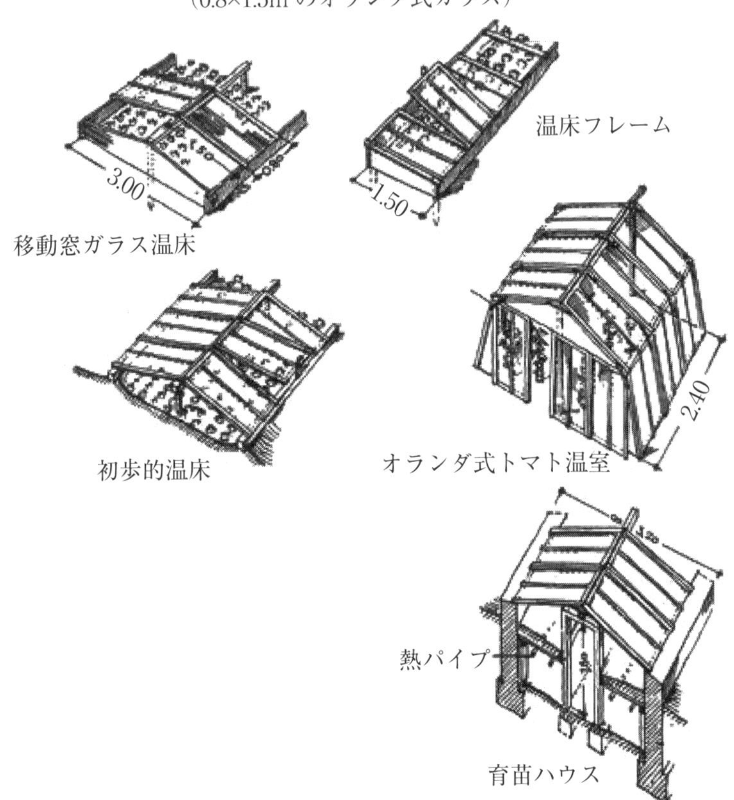
オランダ式ガラス利用温床
(0.8×1.5m のオランダ式ガラス)
温床フレーム
3.00
1.50
移動窓ガラス温床
2.40
初歩的温床
オランダ式トマト温室
熱パイプ
育苗ハウス

ヴォルプスヴェーデの住居タイプ

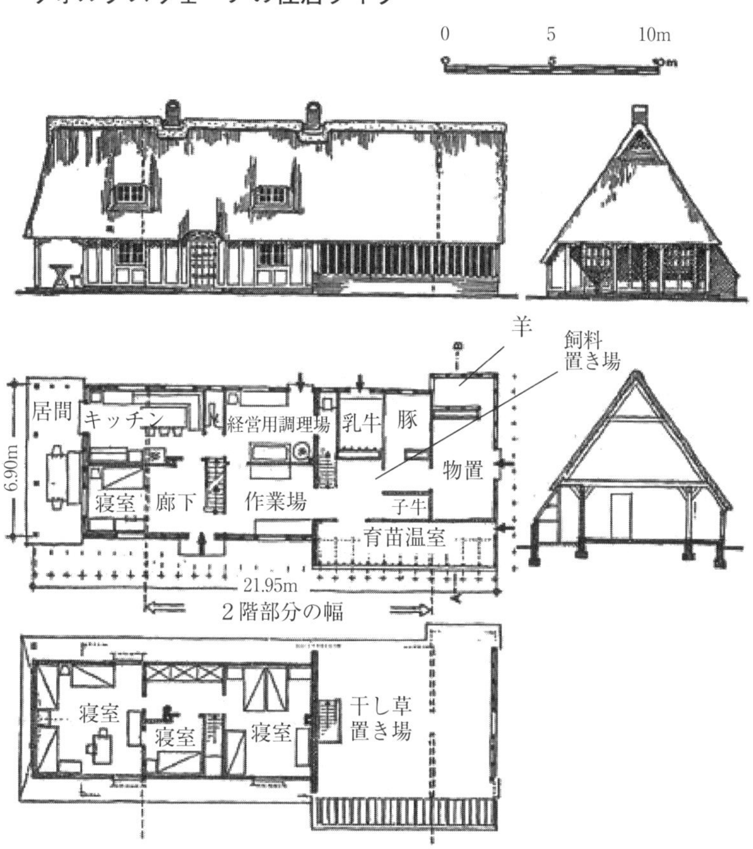

訳者あとがき

本訳書の原著は、ミヒャエル・ベライテス（Michael Beleites）編著の” DER GÄRTNERHOF Selbstversorgung – ein Weg ins Freie”, Manuscriptum Verlagsbuchhandlung Neuruppin 2022. である。タイトルを直訳すれば『園芸家農場　食料自給－自由農民への道』となる。ベライテスは、本書がマックス・カール・シュヴァルツ（Max Karl Schwarz）、フランツ・ドライダックス（Franz Dreidax）、ヴィリー・ラーチュ（Willi Laatsch）３名の、ゲルトナーホーフ（園芸家農場）構想に関する原典であるとしている。原著の末尾には、「出版社はシュヴァルツの著作権相続者を探したが見つからなかった。もしおられるなら連絡されたい」とある。

原著は300ページを超える大部である。第Ⅲ部の序文（ゲルトナーホーフ協会のF・ドライダックス）、M・シュヴァルツのゲルトナーホーフと農村景観に関する叙述、W・ラーチュの土地肥沃度の維持・引上げに関する叙述は、多くが本訳書の第Ⅰ部、第Ⅱ部と重複することもあって、訳出を割愛した。

原著には「食料自給－自由農民への道」という副題があるが、本訳書では、「ドイツの移住就農小規模園芸農場」とした。

さて、編著者のミヒャエル・ベライテスである。彼は、旧東ドイツのザクセン・アンハルト州ハレ

ベライテス近影

（ザーレ）で1964年に生まれている。青年期から当時の東ドイツ（ドイツ民主共和国）の事実上の一党独裁政党であったドイツ社会主義統一党（SED）に抵抗する運動に参加している。1990年の東西ドイツ統一後は、旧東ドイツの「グリーンピース」創設委員として活動し、1992年にはザクセン州議会の「同盟90/緑の党」議員団の顧問になっている。著作はドイツ民主共和国史、自然保護、生物史、さらにエコロジー運動と多彩である。1992年から95年にはベルリン・フンボルト大学とグローセンハイン農業専門学校（グローセンハインはザクセン州のマイセンに近い町）で農業を勉強している。2011年以降はドレスデン近郊のブランケンシュタインで園芸業を営みながら、執筆活動を行っている。2012年に出版した“Leitbild Schweiz oder Kasachstan – Zur Entwicklung der ländlichen Räume in Sachsen, Eine Denkschrift zur Agrarpolitik”（『スイスモデルか、カザフスタンモデルか―ザクセン州農村の発展をめざす農業政策についての「覚書」―』は、村田武著『家族農業は「合理的農業」の担い手たりうるか』（筑波書房、2020年）の第Ⅲ章「なぜ農民経営か」で要約紹介した。

ベライテスはこの編著の出版意図を、「新しい移住就農運動のために」と題する序文のなかで次のように述べている。

コロナ禍の蔓延が「グローバル化した人や物の流れが制限されたとき、私たちはかつてなく外部供給に依存したなかで生きていることを認識させられることになった。食料自給力がかつてなく低下している。自由を自立的存在という意味で理解するならば、食料自給や食料主権もまた真の自由の一部である。」そして、食料自給を実現するには、新鮮かつ誰でも実践可能なアイデアが必要であるが、そうしたアイデアが過去において、マックス・カール・シュヴァルツ（Max Karl Schwarz、1895～1963年）の「ゲルトナーホーフ」というコンセプトで提示されていた。それは、第一次世界大戦と世界大恐慌のもとで、食料自給を基本課題とする小規模農場が主として工場労働者など都市民が郊外や農村へ移住して開設される小規模農場であって第二次世界大戦後に再び取りあげられたというのである。

原著者のシュヴァルツについては、ベライテスの序文（本訳書の序章）で十分であろう。そこでシュヴァルツの指導者的存在だったとして紹介されているのがレーベレヒト・ミッゲ（Leberecht Migge、1881～1935年）である。1910年代に出版されたミッゲの著作が、100周年記念として、2021年にエルダル・カラキュテュク－デルフ（Erdal Karakütük-Delf）によって“Jedermann、Selbstversorger！ Erweiterte und aktualisierte Auflage des Selbstversorger-Klassikers von Leberecht Migge”, MamaHuhu Media, Berlin, 2021. として出版されている（タイトルは『誰でも食料自給者』）。同書の139ページには、1919年当時のドイツ（第一次世界大戦でドイツが失った領土は本あとがき末尾の図のとおり）の食料自給率（ドイツ共和国経済省統計による）が表示されている。穀物91％、ジャガイモ138％、食肉114％、牛乳112％、鶏卵73％、砂糖137％、ハチミツ30％、野菜36％、果実22％であった。これをみれば、シュヴァルツが食料自給小規模農場を、野菜果樹園芸を中核にした農場として提案したのもうなずけるところである。第一次世界大戦の敗北で東部の穀作地帯を失ったものの、人口6,240万人であった当時のドイツ国（ヴァイマル共和制）は、穀物自給率こそ91％だが、ジャガイモや砂糖、それに畜産物では100％を優に超える自給率であった。輸入に大きく依存していたのが園芸作物であったのである。

本書第Ⅰ部は、M・シュヴァルツが1933年に出版した“Ein Weg

zum Praktischen Siedeln”（「実践的移住就農への道）である。移住農場をGärtnerhof と名付けるのは、本書第Ⅱ部の、M・シュヴァルツが第二次世界大戦後の1946年に出版した著作においてであった（タイトルは “DER GÄRTNERHOF Ein Siedlungsziel für Tüchtige Landleute und Gärtner”、『ゲルトナーホーフ　優れた農村住民と園芸家にとっての移住就農の目標』)。シュヴァルツが、第二次世界大戦後に再び移住就農を提案したのは、ドイツは1,200万人を超えたとされる旧東部ドイツ領などからの避難民の受け入れを、ソヴィエト占領地区（東ドイツ）とともに、シュヴァルツが活動した西側占領地区（アメリカ・イギリス・フランスが占領した西ドイツ）も迫られたという事情があったのであろう。

足立佳宏は、近編著の『農業開発の現代史』（京都大学学術出版、2022年７月刊）の第9章「西ドイツの『辺境』農村開発と農民入植事業―エムスラント開発計画：1950-1962―」（270～314ページ）で、西側占領地区全体で762万人の避難民を受け入れており、避難民のうちで農業経営を創設したのが11万5,219経営（うち経営規模５ha以下の「副業的経営」が76％、５～10haの「小農」が８％、10ha以上の「専業的な中農経営」が16％）であったとするデータを引用している。

ちなみに、ソヴィエト占領地区では、本書にも出てくるグーツ大農場の没収による土地改革で、かつてのグーツ農場や大農経営に雇用されていた農業労働者（11万9,000人）だけでなく、東ドイツに定住して就農を希望する避難民（９万1,000人）に農地を無償提供して「新農民」（”Neubauer”）を創出して自活を求めた。しかし、平均経営規模が約８haとされた新農民経営は、耕作に必要な機械などの提供を十分には受けられず、ベライテス執筆の序章17ページにみられるように、1960年に頂点に達した強制的な農業集団化で、農業生産協同組合

(LPG) の組合員に編入されたのである。このあたりの事情に関心のおありの方は、拙著『戦後ドイツとEUの農業政策』(筑波書房、2006年) の第1章を参照されたい。

なおいま一つ追加して触れたいのは、1958年にバイエルン州でマシーネンリンク (Maschinenring、英訳はmachine circle、すなわち機械サークル) を立ち上げて、その後のドイツやオーストリアでのマシーネンリンクとパートナーシップ運動をリードし、「運動の創始者」であると自称したエーリッヒ・ガイアースベルガー (1926～2012年) である。エーリッヒ・ガイアースベルガー著 (熊代幸雄・石光研二・松浦利明共訳)『マシーネンリングによる第三の農民解放』(㈳家の光協会、1976年) にマシーネンリンクについての考えが網羅されている。マシーネンリンクは農家の農業機械への過剰投資を防ぐために、農家が個別に導入した機械を共同利用組織 (作業管理のための「農業マネジャー」が事務局を担う) を通じて作業料金を払って共同利用するシステムである。ガイアースベルガーはマシーネンリンク構想を発想するに至った経緯について上の著書ではまったく触れていないのだが、本訳書の「Ⅱ ゲルトナーホーフ」(1946年刊) のなかで、M・K・シュヴァルツがゲルトナーホーフの安定的成長には協同組合が不可欠であるとしたことからガイアースベルガーは示唆を得ていたのではないか。また、ガイアースベルガーが1973年に「第13回マシーネンリング・マネージャー基礎研修」における基調講演で、「マシーネンリングの総合観念」のなかで、「農業と生態学」の項を起こし、①畜産の多頭羽飼育は経営面積との生物学的均衡を保つようにすべきであり、②合理的な農耕は農地の土壌熟成と腐植質含有に努めなければならない、とした (上記訳書51～52ページ)。これも、ガイアースベルガーは上記シュヴァルツを読んでいたのではないか、少なくともバイオダイナ

（出所）『ニューステージ世界史詳覧』浜島書店、2002年、211ページ。

ミック農法についての知見があったのではないかと考えたい。

原著をM・ベライテスから謹呈された私が翻訳を思い立ったのは、「環境危機下の現代にあって、ドイツ農業の将来を見据えたモデルを模索するうえで、このゲルトナーホーフ・コンセプトはきわめて有意義である」と考えたベライテスの意図を大いに評価したからである。

われわれ共訳者２人は、ドイツ政府が新型コロナ禍がほぼ収まったとして2022年６月に出入国の自由化を行ったのを幸いに、本書の翻訳作業中の11月の１週間、「環境危機下のドイツ農業の動向を探る現地調査」を行うことができた。その際に訪問した農場のひとつが、本訳書序章（17ページ）で紹介されている。「マリエンヘーエ農園」（ベルリンの東約60km）のバート・ザーロウに所在）である。バイオダイナミック農法の創始者が1928年に創設し、戦後、オーストリア人の所有であったために旧東ドイツの農業集団化を免れ、今日でもバイオダイナミック農法を堅持して、安定した経営を行っている。現在の経営主はフリートヨフ・アルベルト（Friedjof Albert）さんである。1964年ザクセン州生まれで、子どものときに休暇でこの農場に来てたいへん気にいり、18歳からこの農場で40年働いているとのことであった。また、いまひとつベルリンの北約70kmのテンプリン所在で、これまたバイオダイナミック農法を堅持し、アメリカ生まれのCSA（コミュニティが支える農業）を実践している「ゲルトナーホーフ・シュタウデンミュラー農場」も訪ねることができた。マックス・カール・シュヴァルツが提案した移住就農農場・ゲルトナーホーフは今日まで脈々と息づいているのである。これらの「実践的移住就農農場」については、「筑波書房ブックレット」で報告の機会を与えていただこうと考えている。シュタウデンミュラー農場を経営するオルトルン・シュタウデ（Ortrun Staude)、マルティン・ミュラー（Martin Müller）ご夫妻からは、ルドルフ・シュタイナーが1924年６月７日から16日までに行った８回の講義を収録した320ページの大冊RUDOLF STEINER, Geisteswissenschaftliche Grundlagen zum Gedeihen der Landwirtschaft, Landwirtschaftlicher Kurs, RUDOLF STEINER VERLAG, DORNACH/SCHWEIZをいただいた。原著者のミヒャエル・ベライテスさんには原著に出てくる多種類の野菜についての学名を調べてもらい、和訳に誤りがないようにした。ベライテスさんと、原著の出版をいち早く知らせてくれたミュンヘン工科大学のアロイス・ハイセンフーバー教授にも、本訳書の時機を失せぬ出版を喜んでもらえると思う。

原著の出版から１年で本訳書の出版にこぎつけることができたのは、翻訳権の取得から印刷・出版にいたるまでの筑波書房鶴見治彦社長のご尽力によるところが大きい。心から御礼申し上げたい。

事項索引

や行

人名索引（ABC順）

訳者（担当章）

村田　武〔むらた　たけし〕（I　II　訳者あとがき）
1942年　福岡県北九州市生まれ
金沢大学・九州大学名誉教授
京都大学博士（経済学）・北海道大学博士（農学）
近著
『現代ドイツの家族農業経営』筑波書房、2016年
『家族農業は「合理的農業」の担い手たりうるか』筑波書房、2020年
『農民家族経営と「将来性のある農業」』筑波書房、2021年
『環境危機と求められる地域農業構造』（共著）筑波書房ブックレット、2022年

河原林　孝由基〔かわらばやし　たかゆき〕（序章）
1963年　京都府京都市生まれ
㈱農林中金総合研究所主席研究員
北海道大学大学院農学院博士後期課程在学中
主要著作
『自然エネルギーと協同組合』（共編著）筑波書房、2017年
「ドイツ・バイエルン州にみる家族農業経営」村田武編『新自由主義グローバリズムと家族農業経営』筑波書房、2019年所収
『環境危機と求められる地域農業構造』（共著）筑波書房ブックレット、2022年

ゲルトナーホーフ
—ドイツの移住就農小規模園芸農場—

2023年3月31日　第1版第1刷発行

編　者　ミヒャエル・ベライテス
著　者　マックス・カール・シュヴァルツ
訳　者　村田 武・河原林 孝由基
発行者　鶴見 治彦
発行所　筑波書房
東京都新宿区神楽坂2－16－5
〒162－0825
電話03（3267）8599
郵便振替00150－3－39715
http://www.tsukuba-shobo.co.jp

定価はカバーに示してあります

印刷／製本　平河工業社
ISBN978-4-8119-0646-1 C3061